电工电子基础课程系列教材

电子技术基础实验指导教程

刘兆亮　主　编

孙宇梁　张　帅　副主编

电子工业出版社

Publishing House of Electronics Industry

北京·BEIJING

内 容 简 介

本书从实用性和专业性出发，较全面地介绍电子技术基础实验的各方面技能。全书共 14 章，主要内容包括：基本放大电路实验，集成运算放大电路实验，正弦波振荡电路实验，集成函数信号发生器芯片的应用与调试，低频功率放大电路实验，直流稳压电源实验，晶闸管可控整流电路实验，逻辑门电路实验，组合逻辑电路分析实验，触发器及其应用实验，时序逻辑电路实验，脉冲波形的变换和产生实验，D/A、A/D 转换器实验，电子技术综合实验等。

本书可供高等院校理工类专业学生在进行电子技术基础实验操作时使用，也可供相关领域的工程技术人员学习、参考。

图书在版编目（CIP）数据

电子技术基础实验指导教程 / 刘兆亮主编. -- 北京：
电子工业出版社，2024. 7. -- ISBN 978-7-121-48400-1

Ⅰ. TN-33

中国国家版本馆 CIP 数据核字第 2024F9E098 号

责任编辑：王晓庆

印　　刷：三河市兴达印务有限公司

装　　订：三河市兴达印务有限公司

出版发行：电子工业出版社

　　　　　北京市海淀区万寿路 173 信箱　　　邮编：100036

开　　本：787×1 092　1/16　印张：12.75　　字数：326 千字

版　　次：2024 年 7 月第 1 版

印　　次：2024 年 7 月第 1 次印刷

定　　价：42.00 元

凡所购买电子工业出版社图书有缺损问题，请向购买书店调换。若书店售缺，请与本社发行部联系，联系及邮购电话：(010) 88254888，88258888。

质量投诉请发邮件至 zlts@phei.com.cn，盗版侵权举报请发邮件至 dbqq@phei.com.cn。

本书咨询联系方式：(010) 88254113，wangxq@phei.com.cn。

前　　言

工程教育是我国高等教育的重要组成部分，根据《工程教育认证标准》（2017 年 11 月修订）及《工程教育认证专业类补充标准》（2020 年修订），在实践教学方面，学校要建立完善的实践教学体系，培养学生的实践能力和创新能力，培养学生的工程意识、协作精神及综合应用所学知识解决实际问题的能力。

如何培养和提高本科院校电气类、电子信息类、光电新能源类学生的电子技术基础实验动手能力，如何使学生在学习基础知识的同时，迅速掌握模拟电子技术、数字电子技术知识点，一直是高等教育工作者不断研究和探索的课题。其中，实验环节起着非常重要的作用。

本书是电气类、电子信息类、光电新能源类等专业的基础性实验教材，以通用性较强的实验平台、元器件为载体，主要介绍实验基础知识、模拟电子技术基础实验、模拟电子技术综合实验、数字电子技术基础实验、数字电子技术综合实验。本书在编写过程中，一方面根据新课程改革的要求，以实验技能训练为先导，用理论知识阐述通俗易懂的实验方法；另一方面用典型的实验课题将相关概念、方法和实际结合起来，使读者能够获得理性认知，同时获得较深的感性认知。

本书共 14 章。第 1 章为基本放大电路实验，介绍了晶体管共射极单管放大电路、场效应管放大电路、负反馈放大电路、射极跟随电路、差动放大电路；第 2 章为集成运算放大电路实验，介绍了集成运算放大器指标测试、模拟运算电路、有源滤波电路、电压比较电路、波形发生电路；第 3 章为正弦波振荡电路实验，介绍了 RC 正弦波振荡电路、LC 正弦波振荡电路；第 4 章为集成函数信号发生器芯片的应用与调试；第 5 章为低频功率放大电路实验，介绍了 OTL 低频功率放大电路、集成功率放大电路；第 6 章为直流稳压电源实验，介绍了串联型晶体管稳压电源、集成稳压电路；第 7 章为晶闸管可控整流电路实验；第 8 章为逻辑门电路实验，介绍了 TTL 集成逻辑门的逻辑功能与参数测试、CMOS 集成逻辑门的逻辑功能与参数测试、集成逻辑电路的连接和驱动；第 9 章为组合逻辑电路分析实验，介绍了组合逻辑电路的设计与测试、译码器及其应用、数据选择器及其应用；第 10 章为触发器及其应用实验；第 11 章为时序逻辑电路实验，介绍了计数器及其应用、移位寄存器及其应用；第 12 章为脉冲波形的变换和产生实验，介绍了脉冲分配器及其应用、自激多谐振荡器、单稳态触发器与施密特触发器、555 集成时基电路及其应用；第 13 章为 D/A、A/D 转换器实验；第 14 章为电子技术综合实验，介绍了温度监测及控制电路、万用电表的设计与调试、智力竞赛抢答器、电子秒表、三位半直流数字电压表、数字频率计、拔河游戏机、随机存取存储器 2114A 及其应用。本书实验大多附有实验原理、参考电路、实验方法、预习要求等，在完成课程理论学习的基础上，学生可通过预习自行完成实验。

本书的实验教学内容丰富，信息量大。本书以注重电子技术基础实验为主线，实验内容以提高学生理论知识水平为目的，以培养学生综合实践能力为目标，力求讲清实验目的和意义，理清实验原理，疏通理论知识和实验验证的关键问题，做到深入浅出、通俗易懂，利于学习使用。

　　本书是根据高等院校电子信息类专业教学大纲的要求，并结合我校有关专业建设需求及未来发展要求改编的。编写本书的教师从事电子技术基础课程体系建设、课程内容的理论教学和实验教学多年，有较为丰富的教学经验。本书第1章、第2章、第3章、第4章、第14章由刘兆亮编写，第5章、第6章、第7章、第8章由张帅编写，第9章、第10章、第11章、第12章、第13章由孙宇梁编写。刘兆亮任主编，并负责全书内容的规划和整理。

　　在本书的编写过程中，编者除依据多年的教学经验外，还参阅了其他院校的相关教材，得到了很多老师的指导，在此一并表示感谢。

　　由于编写水平有限，书中难免有疏漏及不妥之处，恳请广大读者指正。

编　者

目　　录

第1章 基本放大电路实验

1.1 晶体管共射极单管放大电路

1.1.1 实验目的

1. 学会放大器静态工作点的调试方法，分析静态工作点对放大器性能的影响。
2. 掌握放大器的电压放大倍数、输入电阻、输出电阻及最大不失真输出电压的测试方法。
3. 熟悉常用电子仪器及模拟电路实验设备的使用。

1.1.2 实验原理

图 1-1 所示为电阻分压式稳定工作点晶体管共射极单管放大器实验电路。偏置电路采用 R_{B1} 和 R_{B2} 组成的分压电路，并在发射极接有电阻 R_E，以稳定放大器的静态工作点。在放大器的输入端加输入信号 u_i 后，在放大器的输出端便可得到一个与 u_i 相位相反、幅值被放大了的输出信号 u_o，从而实现了电压放大。

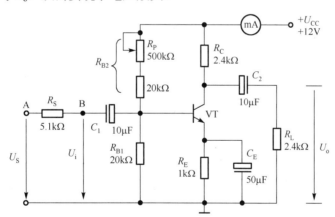

图 1-1 晶体管共射极单管放大器实验电路

在图 1-1 所示电路中，当流过偏置电阻 R_{B1} 和 R_{B2} 的电流远大于晶体管 VT 的基极电流 I_B（一般为 5～10 倍）时，它的静态工作点可用下式估算

$$U_B \approx \frac{R_{B1}}{R_{B1} + R_{B2}} U_{CC}$$

$$I_E \approx \frac{U_B - U_{BE}}{R_E} \approx I_C$$

$$U_{CE} = U_{CC} - I_C(R_C + R_E)$$

电压放大倍数 $\qquad A_u = -\beta \dfrac{R_C // R_L}{r_{be}}$

输入电阻 $\qquad R_i = R_{B1} // R_{B2} // r_{be}$

输出电阻 $\qquad R_o \approx R_C$

由于电子器件性能的分散性比较大，因此在设计和制作晶体管放大电路时，离不开测量和调试技术。在设计前应测量所用元器件的参数，为电路设计提供必要的依据，在完成设计和装配以后，还必须测量和调试放大器的静态工作点与各项性能指标。一个优质放大器，必定是理论设计与实验调整相结合的产物，因此，除了学习放大器的理论知识和设计方法，还必须掌握必要的测量和调试技术。

放大器的测量和调试一般包括：放大器静态工作点的测量与调试、放大器动态参数的测量等。

1. 放大器静态工作点的测量与调试

（1）静态工作点的测量

测量放大器的静态工作点，应在输入信号 $u_i = 0$ 的情况下进行，即将放大器输入端与地端短接，然后选用量程合适的直流毫安表和直流电压表，分别测量晶体管的集电极电流 I_C 及各电极对地的电位 U_B、U_C 和 U_E。一般实验中，为了避免断开集电极，可采用测量电压 U_E 或 U_C 然后算出 I_C 的方法，例如，只要测出 U_E，即可用 $I_C \approx I_E = \dfrac{U_E}{R_E}$ 算出 I_C（也可根据 $I_C = \dfrac{U_{CC} - U_C}{R_C}$ 由 U_C 确定 I_C），同时也能算出 $U_{BE} = U_B - U_E$，$U_{CE} = U_C - U_E$。

为了减小误差、提高测量精度，应选用内阻较大的直流电压表。

（2）静态工作点的调试

放大器静态工作点的调试是指对集电极电流 I_C（或 U_{CE}）的调整与测试。

静态工作点是否合适，对放大器的性能和输出波形都有很大影响。如工作点偏高，放大器在加入交流信号以后易产生饱和失真，此时 u_o 的负半周将被削底，如图 1-2（a）所示；如工作点偏低，则易产生截止失真，即 u_o 的正半周被缩顶（一般截止失真不如饱和失真明显），如图 1-2（b）所示。这些情况都不符合不失真放大的要求。所以在选定工作点以后还必须进行动态调试，即在放大器的输入端加入一定的输入电压 u_i，检查输出电压 u_o 的大小和波形是否满足要求。如不满足，应调节静态工作点的位置。

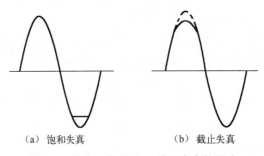

（a）饱和失真 　　　　　　（b）截止失真

图 1-2 静态工作点对 u_o 波形失真的影响

改变电路参数 U_{CC}、R_C、R_B（R_{B1}、R_{B2}）都会引起静态工作点的变化，如图 1-3 所示。但通常多采用调节偏置电阻 R_{B2} 的方法来改变静态工作点，如减小 R_{B2}，可使静态工作点提高。

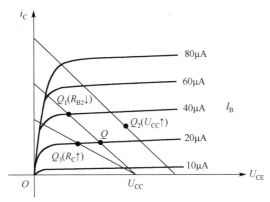

图 1-3　电路参数对静态工作点的影响

最后还要说明的是，上面所说的工作点"偏高"或"偏低"不是绝对的，应该是相对信号的幅度而言的，如输入信号幅度很小，即使工作点较高或较低，也不一定会出现失真。所以确切地说，产生波形失真是信号幅度与静态工作点设置配合不当所致的。如需满足较大信号幅度的要求，静态工作点最好尽量靠近交流负载线的中点。

2. 放大器动态参数的测量

放大器的动态参数包括电压放大倍数、输入电阻、输出电阻、最大不失真输出电压和通频带等。

（1）电压放大倍数 A_u 的测量

调整放大器到合适的静态工作点，然后加入输入电压 u_i，在输出电压 u_o 不失真的情况下，用交流毫伏表测出 u_i 和 u_o 的有效值 U_i 和 U_o，则

$$A_u = \frac{U_o}{U_i}$$

（2）输入电阻 R_i 的测量

为了测量放大器的输入电阻，按图 1-4 所示电路在被测放大器的输入端与信号源之间串入一已知电阻 R，在放大器正常工作的情况下，用交流毫伏表测出 U_S 和 U_i，则根据输入电阻的定义可得

$$R_i = \frac{U_i}{I_i} = \frac{U_i}{\dfrac{U_R}{R}} = \frac{U_i}{U_S - U_i} R$$

测量时应注意以下几点。

① 由于电阻 R 两端没有电路公共接地点，因此在测量 R 两端的电压 U_R 时必须分别测出 U_S 和 U_i，然后按 $U_R = U_S - U_i$ 求出 U_R。

② 电阻 R 的值不宜取得过大或过小，以免产生较大的测量误差，通常取 R 与 R_i 为同一数量级为好，本实验可取 $R = 1 \sim 2\text{k}\Omega$。

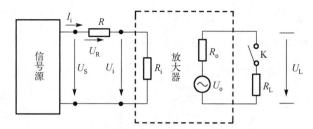

图 1-4　输入电阻、输出电阻测量电路

（3）输出电阻 R_o 的测量

按图 1-4 所示电路，在放大器正常工作的条件下，测出输出端不接负载 R_L 的输出电压 U_o 和接入负载后的输出电压 U_L，根据

$$U_L = \frac{R_L}{R_o + R_L} U_o$$

即可求出

$$R_o = \left(\frac{U_o}{U_L} - 1 \right) R_L$$

在测试中应注意，必须保持 R_L 接入前、后输入信号的大小不变。

（4）最大不失真输出电压 U_{opp}（最大动态范围）的测量

如上所述，为了得到最大动态范围，应将静态工作点调在交流负载线的中点。为此在放大器正常工作的情况下，逐步增大输入信号的幅度，并同时调节 R_P（改变静态工作点），用双踪示波器观察 u_o，当输出波形同时出现削底和缩顶现象（如图 1-5 所示）时，说明静态工作点已调在交流负载线的中点。然后反复调整输入信号，使波形的输出信号幅度最大且无明显失真时，用交流毫伏表测出 U_0（有效值），则最大动态范围等于 $2\sqrt{2}U_0$，或用双踪示波器直接读出 U_{opp} 来。

（5）幅频带的测量

放大器的幅频特性是指放大器的电压放大倍数 A_u 与输入信号频率 f 之间的关系曲线。单管阻容耦合放大电路的幅频特性曲线如图 1-6 所示，A_{um} 为中频电压放大倍数，通常规定电压放大倍数随频率变化下降到中频电压放大倍数的 $1/\sqrt{2}$，即 $0.707A_{um}$ 时所对应的频率分别为下限频率 f_L 和上限频率 f_H，则通频带 $f_{BW} = f_H - f_L$。

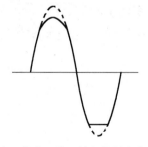

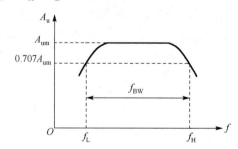

图 1-5　静态工作点正常，输入信号太大引起的失真　　　图 1-6　幅频特性曲线

放大器的幅频特性就是测量不同频率信号时的电压放大倍数 A_u。为此，可采用前述测 A_u 的方法，每改变一个信号频率，就测量其相应的电压放大倍数，测量时应注意取点要恰

当，在低频段与高频段应多测几点，在中频段可以少测几点。此外，在改变频率时，要保持输入信号的幅度不变，且输出波形不能失真。

1.1.3　实验设备与元器件

1．+12V 直流电源
2．函数信号发生器
3．双踪示波器
4．交流毫伏表
5．直流电压表
6．直流毫安表
7．频率计
8．万用电表
9．晶体三极管 3DG6×1（β=50～100）或 9011×1 或 9013×1
10．电阻、电容若干

1.1.4　实验内容

实验电路如图 1-1 所示。连接各电子仪器测试线，为防止干扰，各仪器的公共端必须连在一起，同时函数信号发生器、交流毫伏表和双踪示波器的引线应采用专用电缆线或屏蔽线，如使用屏蔽线，则屏蔽线的外包金属网应接在公共接地端上。

1．调试静态工作点

接通直流电源前，先将 R_P 调至最大，将函数信号发生器的输出旋钮旋至零。接通+12V 直流电源，调节 R_P，使 $I_C = 2.0\text{mA}$（$U_E = 2\text{V}$），用直流电压表测量 U_B、U_E、U_C 及用万用电表测量 R_{B2} 值，记入表 1-1。

表 1-1　静态工作点测量值记录表

测　量　值				计　算　值		
U_B / V	U_E / V	U_C / V	R_{B2} / kΩ	U_{BE} / V	U_{CE} / V	I_C / mA

2．测量电压放大倍数

在放大器的输入端加入频率为 1kHz 的正弦信号 u_s，调节函数信号发生器的输出旋钮使放大器输入电压的有效值 $U_i \approx 10\text{mV}$，同时用双踪示波器观察放大器输出电压 u_o 的波形，在波形不失真的条件下用交流毫伏表测量下述三种情况下的 U_o，并用双踪示波器观察 u_o 和 u_i 的相位关系，记入表 1-2。

3．观察静态工作点对电压放大倍数的影响

置 $R_C = 2.4\text{k}\Omega$，$R_L = \infty$，U_i 适量，调节 R_P，用双踪示波器观察输出电压波形，在 u_o 不失真的条件下，测量多组 I_C 和 U_o 值，记入表 1-3。

表 1-2　电压放大倍数测量值记录表

R_C /kΩ	R_L /kΩ	U_o / V	A_u	观察记录一组 u_o 和 u_i 波形
2.4	∞			
1.2	∞			
2.4	2.4			

表 1-3　静态工作点对电压放大倍数的影响

I_C / mA						
U_o / V						
A_u						

测量 I_C 时，要先将信号源的输出旋钮旋至零（使 $U_i = 0$）。

4．观察静态工作点对输出波形失真的影响

置 $R_C = 2.4\text{k}\Omega$，$R_L = \infty$，$u_i = 0$，调节 R_P 使 $I_C = 2.0\text{mA}$，测量 U_{CE}，再逐步增大输入信号，使输出电压 u_o 足够大但不失真。然后保持输入信号不变，分别增大和减小 R_P 使波形出现失真，绘出 u_o 的波形，并测出失真情况下的 I_C 和 U_{CE} 值，记入表 1-4。每次测 I_C 和 U_{CE} 值时都要将函数信号发生器的输出旋钮旋至零。

表 1-4　静态工作点对输出波形失真的影响

I_C / mA	U_{CE} / V	u_o 波　形	失真情况	工作状态

5．测量最大不失真输出电压

置 $R_C = 2.4\text{k}\Omega$，$R_L = 2.4\text{k}\Omega$，按照实验原理中所述方法，同时调节输入信号的幅度和电位器 R_P，用双踪示波器和交流毫伏表测量 U_{opp} 及 U_{om} 值，记入表 1-5。

表 1-5　最大不失真输出电压

I_C / mA	U_{im} / mV	U_{om} / V	U_{opp} / V

6．测量输入电阻和输出电阻

置 $R_C = 2.4\text{k}\Omega$，$R_L = 2.4\text{k}\Omega$，$I_C = 2.0\text{mA}$，输入 $f = 1\text{kHz}$ 的正弦信号，在输出电压 u_o 不

失真的情况下，用交流毫伏表测出 U_S、U_{im} 和 U_L，记入表 1-6。

保持 U_S 不变，断开 R_L，测量输出电压 U_o，记入表 1-6。

表 1-6　输入电阻和输出电阻

U_S /mV	U_{im} /mV	R_i /kΩ		U_L /V	U_o /V	R_o /kΩ	
		测 量 值	计 算 值			测 量 值	计 算 值

7．测量幅频特性曲线

取 $I_C = 2.0\text{mA}$，$R_C = 2.4\text{k}\Omega$，$R_L = 2.4\text{k}\Omega$，保持输入信号的幅度不变，改变函数信号发生器的频率并逐点测出相应的输出电压 U_o，记入表 1-7。

表 1-7　幅频特性曲线

	f_1	f_n	f_0
f / kHz			
U_o / V			
$A_u = U_o / U_i$			

为了使频率 f 取值合适，可先粗测一下，找出中频范围，再仔细读数。

1.1.5　实验总结

1．列表整理测量结果，并把实测的静态工作点、电压放大倍数、输入电阻、输出电阻的值与理论计算值比较（取一组数据进行比较），分析产生误差的原因。

2．总结 R_C、R_L 及静态工作点对放大器的电压放大倍数、输入电阻、输出电阻的影响。

3．讨论静态工作点变化对放大器输出波形的影响。

4．分析并讨论在调试过程中出现的问题。

1.1.6　预习要求

1．阅读教材中有关单管放大电路的内容并估算实验电路的性能指标。

假设：晶体三极管 3DG6 的 $\beta = 100$，$R_{B1} = 20\text{k}\Omega$，$R_{B2} = 20\text{k}\Omega$，$R_C = 2.4\text{k}\Omega$，$R_L = 2.4\text{k}\Omega$，估算放大器的静态工作点、电压放大倍数 A_u、输入电阻 R_i 和输出电阻 R_o。

2．阅读教材中有关放大器干扰和自激振荡消除的内容。

能否用直流电压表直接测量晶体管的 U_{BE}？为什么实验中要采用测 U_B、U_E，再间接算出 U_{BE} 的方法？

3．如何测量 R_{B2} 阻值？

4．当调节偏置电阻 R_{B2} 使放大器输出波形出现饱和失真或截止失真时，晶体管的管压降 U_{CE} 如何变化？

5. 改变静态工作点对放大器的输入电阻 R_i 有无影响？改变外接电阻 R_L 对输出电阻 R_o 有无影响？

6. 在测试 A_u、R_i 和 R_o 时如何选择输入信号的大小和频率？为什么信号频率一般选 1kHz，而不选 100kHz 或更高？

7. 测试中，如果将函数信号发生器、交流毫伏表、双踪示波器中任一仪器的两个测试端子接线换位（各仪器的接地端不再连在一起），将会出现什么问题？

1.2　场效应管放大电路

1.2.1　实验目的

1. 了解结型场效应管的性能和特点。
2. 进一步熟悉放大器动态参数的测试方法。

1.2.2　实验原理

场效应管是一种电压控制型器件，按结构可分为结型和绝缘栅型两种类型。由于场效应管栅源之间处于绝缘或反向偏置，因此输入电阻很高（一般可达上百兆欧）。又由于场效应管是一种多数载流子控制器件，因此热稳定性好、抗辐射能力强、噪声系数小。加之制造工艺较简单，便于大规模集成，因此得到越来越广泛的应用。

1. 结型场效应管的特性和参数

结型场效应管的特性主要有输出特性和转移特性。图 1-7 所示为 N 沟道结型场效应管 3DJ6F 的输出特性和转移特性曲线。其直流参数主要有饱和漏极电流 I_{DSS}、夹断电压 U_P 等，交流参数主要有低频跨导

$$g_m = \frac{\Delta I_D}{\Delta U_{GS}}\bigg|_{U_{DS}=常数}$$

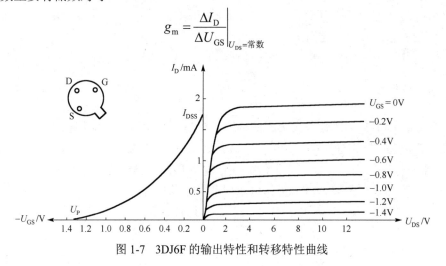

图 1-7　3DJ6F 的输出特性和转移特性曲线

表 1-8 列出了 3DJ6F 的典型参数值及测试条件。

表 1-8 3DJ6F 的典型参数值及测试条件

参数名称	饱和漏极电流 I_{DSS} /mA	夹断电压 U_P / V	跨导 g_m /(μA / V)
测试条件	$U_{DS}=10V$ $U_{GS}=0V$	$U_{DS}=10V$ $I_{DS}=50μA$	$U_{DS}=10V$ $I_{DS}=3mA$ $f=1kHz$
参数值	1～3.5	小于 $|-9|$	大于 100

2. 结型场效应管放大器性能分析

图 1-8 所示为结型场效应管组成的共源极放大电路。其静态工作点为

$$U_{GS} = U_G - U_S = \frac{R_{g1}}{R_{g1}+R_{g2}}U_{CC} - I_D R_S$$

$$I_D = I_{DSS}\left(1 - \frac{U_{GS}}{U_P}\right)^2$$

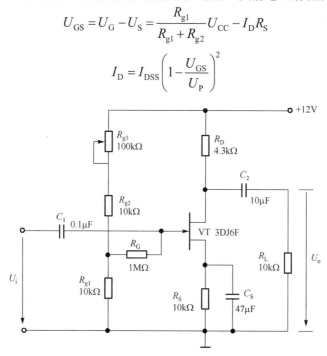

图 1-8 结型场效应管共源极放大电路

中频电压放大倍数　　　　　$A_u = -g_m R'_L = -g_m R_D // R_L$

输入电阻　　　　　　　　　$R_i = R_G + R_{g1} // R_{g2}$

输出电阻　　　　　　　　　$R_o \approx R_D$

式中的跨导 g_m 可根据特性曲线用作图法求得，或用公式

$$g_m = \frac{2I_{DSS}}{U_P}\left(1 - \frac{U_{GS}}{U_P}\right)$$

计算。但要注意，计算时 U_{GS} 要用静态工作点处的数值。

3. 输入电阻的测量方法

结型场效应管放大器的静态工作点、电压放大倍数和输出电阻的测量方法，与 1.1 节中晶体管放大器的测量方法相同。其输入电阻的测量，从原理上讲也可采用 1.1 节中所述

的方法，但由于结型场效应管的 R 比较大，如直接测输入电压 U_S 和 U_i，则限于测量仪器的输入电阻有限，必然会带来较大的误差。因此为了减小误差，常利用被测放大器的隔离作用，通过测量输出电压 U_o 来计算输入电阻。输入电阻测量电路如图 1-9 所示。

在放大器的输入端串入电阻 R，把开关 K 掷向位置 1（使 $R=0$），测量放大器的输出电压 $U_{o1}=A_uU_S$；保持 U_S 不变，再把 K 掷向位置 2（接入 R），测量放大器的输出电压 U_{o2}。由于两次测量中 A_u 和 U_S 保持不变，因此

$$U_{o2}=A_uU_i=\frac{R_i}{R+R_i}U_SA_u$$

由此可以求出

$$R_i=\frac{U_{o2}}{U_{o1}-U_{o2}}R$$

式中 R 和 R_i 不要相差太大，本实验可取 $R=100\sim200\text{k}\Omega$。

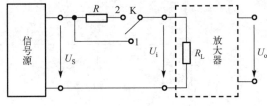

图 1-9　输入电阻测量电路

1.2.3　实验设备与元器件

1．+12V 直流电源
2．函数信号发生器
3．双踪示波器
4．交流毫伏表
5．直流电压表
6．结型场效应管 3DJ6F×1
7．电阻、电容若干

1.2.4　实验内容

1．静态工作点的测量和调整

（1）接图 1-8 连接电路，令 $u_i=0$，接通+12V 直流电源，用直流电压表测量 U_G、U_S 和 U_D。检查静态工作点是否在特性曲线放大区的中间部分，若合适，则把结果记入表 1-9。

（2）若不合适，则适当调整 R_{g2} 和 R_S，调好后再测量 U_G、U_S 和 U_D，记入表 1-9。

表 1-9　静态工作点的测量值记录表

测　量　值						计　算　值		
U_G / V	U_S / V	U_D / V	U_{DS} / V	U_{GS} / V	I_D / mA	U_{DS} / V	U_{GS} / V	I_D / mA

2. 电压放大倍数 A_u、输入电阻 R_i 和输出电阻 R_o 的测量

（1）A_u 和 R_o 的测量

在放大器的输入端加入 $f = 1\text{kHz}$ 的正弦信号 U_i（有效值为 $50 \sim 100\text{mV}$），并用双踪示波器观察输出电压 u_o 的波形。在输出电压 u_o 没有失真的条件下，用交流毫伏表分别测量 $R_L = \infty$ 和 $R_L = 10\text{k}\Omega$ 时的输出电压 U_o（注意：保持 U_i 幅值不变），记入表 1-10。用双踪示波器同时观察 u_i 和 u_o 的波形，描绘出来并分析它们的相位关系。

表 1-10　A_u 和 R_o 的测量值记录表

	测　量　值				计　算　值		u_i 和 u_o 波形
	U_i / V	U_o / V	A_u	$R_o / \text{k}\Omega$	A_u	$R_o / \text{k}\Omega$	
$R_L = \infty$							
$R_L = 10\text{k}\Omega$							

（2）R_i 的测量

按图 1-9 改接实验电路，选择大小合适的输入电压 U_S（$50 \sim 100\text{mV}$，将开关 K 掷向位置 1，测出 $R = 0$ 时的输出电压 U_{o1}，然后将开关掷向位置 2（接入 R），保持 U_S 不变，再测出 U_{o2}，根据公式

$$R_i = \frac{U_{o2}}{U_{o1} - U_{o2}} R$$

求出 R_i 并记入表 1-11。

表 1-11　R_i 的测量值记录表

测　量　值			计　算　值
U_{o1} / V	U_{o2} / V	$R_i / \text{k}\Omega$	$R_i / \text{k}\Omega$

1.2.5　实验总结

1. 整理实验数据，将测得的 A_u、R_i、R_o 和理论计算值进行比较。
2. 把场效应管放大器与晶体管放大器进行比较，总结场效应管放大器的特点。
3. 分析测试中的问题，总结实验收获。

1.2.6　预习要求

1. 复习有关场效应管部分的内容，并分别用图解法与计算法估算管子的静态工作点（根据实验电路参数），求出工作点处的跨导 g_m。
2. 场效应管放大器输入回路的电容 C_1 为什么可以取得小一些（可以取 $C_1 = 0.1\mu\text{F}$）？
3. 在测量场效应管的静态工作电压 U_{GS} 时，能否用直流电压表直接在栅、源两端测量？为什么？

4．为什么测量场效应管的输入电阻时要用测量输出电压的方法？

1.3　负反馈放大电路

1.3.1　实验目的

加深理解在放大电路中引入负反馈的方法和负反馈对放大电路各项性能指标的影响。

1.3.2　实验原理

负反馈在电子电路中有着非常广泛的应用，虽然它使放大器的放大倍数降低，但能在多个方面改善放大器的动态指标，如稳定放大倍数，改变输入电阻、输出电阻，减小非线性失真和展宽通频带等，因此，几乎所有实用放大器都带有负反馈。

负反馈放大器有 4 种组态，即电压串联、电压并联、电流串联、电流并联。本实验以电压串联负反馈为例，分析负反馈对放大器各项性能指标的影响。

1．图 1-10 所示为带有电压串联负反馈的两级阻容耦合放大电路，在电路中通过 R_f 把输出电压 u_o 引回输入端，加在晶体管 VT_1 的发射极上，在发射极电阻 R_{F1} 上形成反馈电压 u_f。根据反馈的判断法可知，它属于电压串联负反馈。

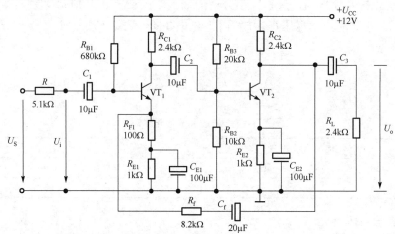

图 1-10　带有电压串联负反馈的两级阻容耦合放大电路

主要性能指标如下。

（1）闭环电压放大倍数。

$$A_{uf} = \frac{A_u}{1 + A_u F_u}$$

式中，$A_u = U_o / U_i$ 是基本放大器（无反馈）的电压放大倍数，即开环电压放大倍数。$1 + A_u F_u$ 是反馈深度，它的大小决定了负反馈对放大电路性能改善的程度。

（2）反馈系数。

$$F_u = \frac{R_{F1}}{R_f + R_{F1}}$$

（3）输入电阻。

$$R_{if} = (1 + A_u F_u) R_i$$

式中，R_i 是基本放大器的输入电阻。

（4）输出电阻。

$$R_{of} = \frac{R_o}{1 + A_{uo} F_u}$$

式中，R_o 是基本放大器的输出电阻；A_{uo} 是基本放大器在 $R_L = \infty$ 时的电压放大倍数。

2．本实验还需要测量基本放大器的动态参数，如何实现无反馈而得到基本放大器呢？不能简单地断开反馈支路，而是要去掉反馈作用，但又要在基本放大器中考虑反馈网络的影响（负载效应），为此：

（1）在画基本放大器的输入回路时，因为是电压负反馈，所以可将负反馈放大器的输出端交流短路，即令 $u_o = 0$，此时 R_f 相当于并联在 R_{F1} 上；

（2）在画基本放大器的输出回路时，由于输入端是串联负反馈，因此需将反馈放大器的输入端（VT_1 的射极）开路，此时 $R_f + R_{F1}$ 相当于并接在输出端，可近似认为 R_f 并接在输出端。

根据上述规律，就可得到所要求的图 1-11 所示的基本放大器。

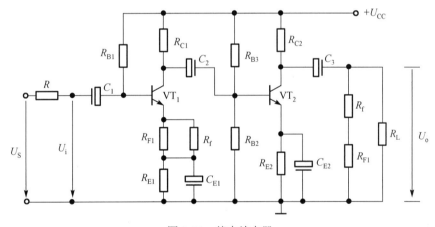

图 1-11 基本放大器

1.3.3 实验设备与元器件

1．+12V 直流电源

2．函数信号发生器

3．双踪示波器

4．频率计

5．交流毫伏表

6．直流电压表

7. 晶体三极管 3DG6×2（β = 50～100）或 9011×2 或 9013×2

8. 电阻、电容若干

1.3.4 实验内容

1. 测量静态工作点

按图 1-10 连接实验电路，取 $U_{CC} = 12V$，$U_i = 0$，用直流电压表分别测量第一级、第二级的静态工作点，记入表 1-12。

表 1-12　静态工作点的测量值记录表

	U_B / V	U_E / V	U_C / V	I_C / mA
第一级				
第二级				

2. 测试基本放大器的各项性能指标

将实验电路按图 1-11 改接，即把 R_f 断开后分别并接在 R_{F1} 和 R_L 上，其他连线不动。

（1）测量中频电压放大倍数 A_u、输入电阻 R_i 和输出电阻 R_o。

① 将 $f = 1kHz$、$U_S \approx 5mV$ 的正弦信号输入放大器，用双踪示波器观察输出电压 u_o 波形，在 u_o 不失真的情况下，用交流毫伏表测量 U_S、U_i、U_L，记入表 1-13。

表 1-13　中频电压的测量值记录表

基本放大器	U_S / mV	U_i / mV	U_L / V	U_o / V	A_u	R_i / kΩ	R_o / kΩ
负反馈放大器	U_S / mV	U_i / mV	U_L / V	U_o / V	A_{uf}	R_{if} / kΩ	R_{of} / kΩ

注：正弦输入信号 U_S 的值可根据实验条件，在保证输出电压 u_o 不失真的情况下适当加大。

② 保持 U_S 不变，断开负载电阻 R_L（注意 R_f 不要断开），测量空载时的输出电压 U_o，记入表 1-13。

（2）测量通频带。

接上 R_L，保持①中的 U_S 不变，然后增大和减小输入信号的频率，找出上、下限频率 f_H 和 f_L，记入表 1-14。

3. 测试负反馈放大器的各项性能指标

将实验电路恢复为图 1-10 的负反馈放大电路。适当加大 U_S（约 10mV），在输出波形不失真的条件下，测量负反馈放大器的 A_{uf}、R_{if} 和 R_{of}，记入表 1-13；测量 f_{Hf} 和 f_{Lf}，记入表 1-14。

4. 观察负反馈对非线性失真的改善

（1）将实验电路改接成基本放大器形式，在输入端加入 $f = 1kHz$ 的正弦信号，输出端接双踪示波器，逐渐增大输入信号的幅度，使输出波形开始出现失真，记下此时的波形和输出电压的幅度。

表 1-14　放大器的各项性能指标记录表

基本放大器	f_L / kHz	f_H / kHz	f_{BW} / kHz
负反馈放大器	f_{Lf} / kHz	f_{Hf} / kHz	f_{BWf} / kHz

（2）再将实验电路改接成负反馈放大器形式，增大输入信号幅度，使输出电压幅度的大小与（1）相同，比较有负反馈时输出波形的变化。

1.3.5　实验总结

1．将基本放大器和负反馈放大器动态参数的测量值与理论计算值列表，并进行比较。
2．根据实验结果，总结电压串联负反馈对放大器性能指标的影响。

1.3.6　预习要求

1．按实验电路估算放大器的静态工作点（取 $\beta_1 = \beta_2 = 100$）。
2．如何把负反馈放大器改接成基本放大器？为什么要把 R_f 并接在输入端和输出端？
3．估算基本放大器的 A_u、R_i、R_o，估算负反馈放大器的 A_{uf}、R_{if} 和 R_{of}，并验算它们之间的关系。
4．如按深负反馈估算，则闭环电压放大倍数 A_{uf} 是多少？和测量值是否一致？为什么？
5．如输入信号存在失真，能否用负反馈来改善？
6．如何判断放大器是否存在自激振荡？如何进行消振？

1.4　射极跟随电路

1.4.1　实验目的

1．掌握射极跟随器的特性及测试方法。
2．进一步学习放大器各项参数的测试方法。

1.4.2　实验原理

射极跟随器的原理图如图 1-12 所示。它是一个电压串联负反馈放大电路，具有输入电阻高、输出电阻低、电压放大倍数接近于 1、输出电压能够在较大范围内跟随输入电压做线性变化，以及输入信号与输出信号同相等特点。

射极跟随器的输出取自发射极，故也称为射极输出器。

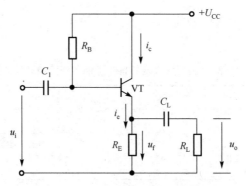

图 1-12　射极跟随器的原理图

1. 输入电阻 R_i

图 1-12 所示电路中，　$R_i = r_{be} + (1+\beta)R_E$ ，如考虑偏置电阻 R_B 和负载 R_L 的影响，则

$$R_i = R_B // [r_{be} + (1+\beta)(R_E // R_L)]$$

由此式可知射极跟随器的输入电阻 R_i 比共射极单管放大器的输入电阻 $R_i = R_B // r_{be}$ 高得多，但由于偏置电阻 R_B 具有分流作用，因此输入电阻难以进一步提高。

输入电阻的测试方法同单管放大器，实验电路如图 1-13 所示。

$$R_i = \frac{U_i}{I_i} = \frac{U_i}{U_S - U_i} R$$

即只要测得 A、B 两点的对地电位，就可计算出 R_i。

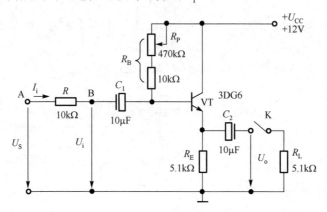

图 1-13　射极跟随器的实验电路

2. 输出电阻 R_o

图 1-12 所示电路中

$$R_o = \frac{r_{be}}{\beta} // R_E \approx \frac{r_{be}}{\beta}$$

如考虑信号源内阻 R_S，则

$$R_{\mathrm{o}} = \frac{r_{\mathrm{be}} + (R_{\mathrm{S}}//R_{\mathrm{B}})}{\beta}//R_{\mathrm{E}} \approx \frac{r_{\mathrm{be}} + (R_{\mathrm{S}}//R_{\mathrm{B}})}{\beta}$$

由此式可知射极跟随器的输出电阻 R_{o} 比共射极单管放大器的输出电阻 $R_{\mathrm{o}} \approx R_{\mathrm{C}}$ 低得多。晶体管的 β 越大，输出电阻越小。

输出电阻 R_{o} 的测试方法也同单管放大器，即先测出空载输出电压 U_{o}，再测接入负载 R_{L} 后的输出电压 U_{L}，根据

$$U_{\mathrm{L}} = \frac{R_{\mathrm{L}}}{R_{\mathrm{o}} + R_{\mathrm{L}}} U_{\mathrm{o}}$$

即可求出 R_{o}

$$R_{\mathrm{o}} = \left(\frac{U_{\mathrm{o}}}{U_{\mathrm{L}}} - 1 \right) R_{\mathrm{L}}$$

3．电压放大倍数

图 1-12 所示电路中

$$A_{\mathrm{u}} = \frac{(1+\beta)(R_{\mathrm{E}}//R_{\mathrm{L}})}{r_{\mathrm{be}} + (1+\beta)(R_{\mathrm{E}}//R_{\mathrm{L}})} \leqslant 1$$

此式说明射极跟随器的电压放大倍数小于或等于 1，且为正值，这是深度电压负反馈的结果。但它的射极电流仍是基流电流的 $(1+\beta)$ 倍，所以它具有一定的电流和功率放大作用。

4．电压跟随范围

电压跟随范围是指射极跟随器输出电压 u_{o} 跟随输入电压 u_{i} 做线性变化的区域。当 u_{i} 超过一定范围时，u_{o} 便不能跟随 u_{i} 做线性变化，即 u_{o} 波形产生了失真。为了使输出电压 u_{o} 正、负半周对称，并充分利用电压跟随范围，静态工作点应选在交流负载线的中点，测量时可直接用双踪示波器读取 u_{o} 的峰峰值，即电压跟随范围；或用交流毫伏表读取 u_{o} 的有效值 U_{o}，则电压跟随范围

$$U_{\mathrm{opp}} = 2\sqrt{2} U_{\mathrm{o}}$$

1.4.3 实验设备与元器件

1．+12V 直流电源
2．函数信号发生器
3．双踪示波器
4．交流毫伏表
5．直流电压表
6．频率计
7．3DG6×1（β=50～100）或 9013
8．电阻、电容若干

1.4.4　实验内容

按图 1-13 连接电路。

1. 静态工作点的调整

接通+12V 直流电源，在 B 点加入 $f=1\text{kHz}$ 的正弦信号 u_i，在输出端用双踪示波器观察输出波形，反复调整 R_P 及函数信号发生器的输出幅度，使在双踪示波器的屏幕上得到一个最大不失真输出波形，然后置 $u_i=0$，用直流电压表测量晶体管各电极的对地电位，将测得的数据记入表 1-15。

表 1-15　晶体管各电极对地电位在静态工作点的测量值记录表

U_E / V	U_B / V	U_C / V	I_E / mA

在下面整个测试过程中应保持 R_P 不变（保持静态工作点 I_E 不变）。

2. 测量电压放大倍数 A_u

接入负载 $R_L=1\text{k}\Omega$，在 B 点加 $f=1\text{kHz}$ 的正弦信号，调节输入信号的幅度，用双踪示波器观察输出波形 u_o，在输出最大不失真情况下，用交流毫伏表测 U_i、U_L 值，记入表 1-16。

表 1-16　电压放大倍数的测量值记录表

U_i / V	U_L / V	A_u

3. 测量输出电阻 R_o

接入负载 $R_L=1\text{k}\Omega$，在 B 点加 $f=1\text{kHz}$ 的正弦信号并用双踪示波器观察输出波形，测空载输出电压 U_o、有负载时的输出电压 U_L，记入表 1-17。

表 1-17　输出电阻的测量值记录表

U_o / V	U_L /V	R_o / kΩ

4. 测量输入电阻 R_i

在 A 点加 $f=1\text{kHz}$ 的正弦信号 u_S，用双踪示波器观察输出波形，用交流毫伏表分别测出 A 点、B 点对地的电位 U_S、U_i，记入表 1-18。

表 1-18　输入电阻的测量值记录表

U_S / V	U_i /V	R_i / kΩ

5．测试跟随特性

接入负载 $R_L = 1\text{k}\Omega$，在 B 点加入 $f = 1\text{kHz}$ 的正弦信号 u_i，逐渐增大信号的幅度，用双踪示波器观察输出波形直至输出波形达到最大不失真，测量对应的 U_L 值，记入表 1-19。

表 1-19　跟随特性的测量值记录表

U_i /V	
U_L /V	

6．测试频率响应特性

保持输入信号 u_i 的幅度不变，改变信号源的频率，用双踪示波器观察输出波形，用交流毫伏表测量不同频率下的输出电压 U_L 值，记入表 1-20。

表 1-20　频率响应特性的测量值记录表

f / kHz	
U_L / V	

1.4.5　实验总结

1．整理实验数据，并画出曲线 $U_L = f(U_i)$。
2．分析射极跟随器的性能和特点。

1.4.6　预习要求

1．理解射极跟随器的工作原理 $U_L = f(U_i)$。
2．根据图 1-13 的元器件参数值估算静态工作点，并画出交、直流负载线。

附：采用有自举电路的射极跟随器。

在一些电子测量仪器中，为了减小仪器对信号源所取用的电流以提高测量精度，通常采用图 1-14 所示的有自举电路的射极跟随器，以增大偏置电路的等效电阻，从而保证射极跟随器有足够高的输入电阻。

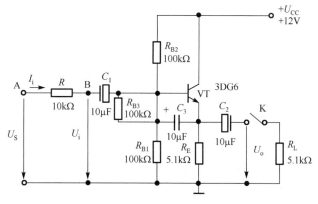

图 1-14　有自举电路的射极跟随器

1.5　差动放大电路

1.5.1　实验目的

1．加深对差动放大器性能及特点的理解。
2．学习差动放大器主要性能指标的测试方法。

1.5.2　实验原理

图 1-15 所示为差动放大器的基本结构。它由两个元件参数相同的基本共射极放大电路组成。当开关 K 拨向左边时，构成典型的差动放大器。调零电位器 R_p 用来调节 VT_1、VT_2 的静态工作点，使得当输入信号 $U_i = 0$ 时，双端输出电压 $U_o = 0$。R_E 为两管公用的发射极电阻，它对差模信号无负反馈作用，因而不影响差模电压放大倍数，但对共模信号有较强的负反馈作用，故可以有效地抑制零漂，稳定静态工作点。

当开关 K 拨向右边时，构成具有恒流源的差动放大器。它用晶体管恒流源代替发射极电阻 R_E，可以进一步提高差动放大器的抑制共模信号的能力。

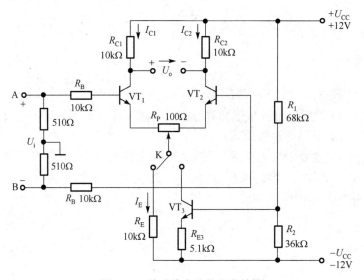

图 1-15　差动放大器的基本结构

1．静态工作点的估算

典型电路

$$I_E \approx \frac{|U_E| - U_B}{R_E}（认为 U_{B1} = U_{B2} \approx 0）$$

$$I_{C1} = I_{C2} = \frac{1}{2} I_E$$

恒流源电路

$$I_{C3} \approx I_{E3} \approx \frac{\dfrac{R_2}{R_1+R_2}\left(U_{CC}+|U_{EE}|\right)-U_{BE}}{R_{E3}}$$

$$I_{C1} = I_{C1} = \frac{1}{2}I_{C3}$$

2. 差模电压放大倍数和共模电压放大倍数

当差动放大器的射极电阻 R_E 足够大或采用恒流源电路时，差模电压放大倍数 A_d 由输出端方式决定，而与输入方式无关。

双端输出：$R_E=\infty$，R_P 在中心位置时

$$A_d = \frac{\Delta U_o}{\Delta U_i} = -\frac{\beta R_C}{R_B + r_{be} + \dfrac{1}{2}(1+\beta)R_P}$$

单端输出：

$$A_{d1} = \frac{\Delta U_{C1}}{\Delta U_i} = \frac{1}{2}A_d$$

$$A_{d2} = \frac{\Delta U_{C2}}{\Delta U_i} = \frac{1}{2}A_d$$

当输入共模信号时，若为单端输出，则有

$$A_{c1} = A_{c2} = \frac{\Delta U_{C1}}{\Delta U_i} = \frac{-\beta R_C}{R_B + r_{be} + (1+\beta)\left(\dfrac{1}{2}R_P + 2R_E\right)} \approx \frac{R_C}{2R_E}$$

若为双端输出，则在理想情况下

$$A_c = \frac{\Delta U_o}{\Delta U_i} = 0$$

实际上由于元件不可能完全对称，因此 A_c 也不会绝对等于零。

3. 共模抑制比（CMRR）

为了表征差动放大器对有用信号（差模信号）的放大作用和对共模信号的抑制能力，通常用一个综合指标来衡量，即共模抑制比

$$\text{CMRR} = \left|\frac{A_d}{A_c}\right| \quad \text{或} \quad \text{CMRR} = 20\lg\left|\frac{A_d}{A_c}\right|\text{(dB)}$$

差动放大器的输入信号可采用直流信号，也可采用交流信号。本实验由函数信号发生器提供频率 $f=1\text{kHz}$ 的正弦信号作为输入信号。

1.5.3　实验设备与元器件

1．±12V 直流电源
2．函数信号发生器
3．双踪示波器
4．交流毫伏表
5．直流电压表
6．3DG6×3（要求 VT_1、VT_2 的特性参数一致）或 9011×3
7．电阻、电容若干

1.5.4　实验内容

1．典型差动放大器性能测试

按图 1-15 连接实验电路，开关 K 拨向左边构成典型的差动放大器。

（1）测量静态工作点

① 调节放大器零点

信号源不接入，将放大器输入端 A、B 与地短接，接通±12V 交流电源，用直流电压表测量输出电压 U_o，调节调零电位器 R_P 使 $U_o=0$。调节要仔细，力求准确。

② 测量静态工作点

零点调好以后，用直流电压表测量 VT_1、VT_2 各电极电位及射极电阻 R_E 两端电压 U_{RE}，并记入表 1-21。

表 1-21　差动放大器的静态工作点的测量值记录表

测量值	U_{C1}/V	U_{B1}/V	U_{E1}/V	U_{C2}/V	U_{B2}/V	U_{E2}/V	U_{RE}/V
计算值	I_C/mA			I_B/mA		U_{CE}/V	

（2）测量差模电压放大倍数

断开交流电源，将函数信号发生器的输出端接放大器的输入端 A，地端接放大器的输入端 B，从而构成单端输入方式，调节输入信号为频率 $f=1kHz$ 的正弦信号，并使输出旋钮旋至零，用双踪示波器观察输出端（集电极 C_1 或 C_2 与地之间）。

接通±12V 直流电源，逐渐增大输入电压 U_i（约 100mV），在输出波形无失真的情况下，用交流毫伏表测 U_i、U_{C1}、U_{C2}，记入表 1-22，并观察 u_i、u_{C1}、u_{C2} 之间的相位关系及 U_{RE} 随 U_i 改变而变化的情况。

（3）测量共模电压放大倍数

将放大器 A、B 端短接，函数信号发生器接 A 端与地之间，构成共模输入方式，调节输入信号 $f=1kHz$，$U_i=1V$，在输出波形无失真的情况下，测量 U_{C1}、U_{C2} 并记入表 1-22，观察 u_i、u_{C1}、u_{C2} 之间的相位关系及 U_{RE} 随 U_i 改变而变化的情况。

表 1-22　共模电压放大倍数的测量值记录表

	典型的差动放大电路		具有恒流源的差动放大电路	
	单端输入	共模输入	单端输入	共模输入
U_i	100mV	1V	100mV	1V
U_{C1}/V				
U_{C2}/V				
$A_{d1}=\dfrac{U_{C1}}{U_i}$		—		—
$A_d=\dfrac{U_o}{U_i}$		—		—
$A_{c1}=\dfrac{U_{C1}}{U_i}$	—		—	
$A_c=\dfrac{U_o}{U_i}$	—		—	
$CMRR=\left|\dfrac{A_{d1}}{A_{c1}}\right|$				

2．具有恒流源的差动放大器性能测试

将图 1-15 电路中的开关 K 拨向右边，构成具有恒流源的差动放大电路。重复（2）、（3）的要求，记入表 1-22。

1.5.5　实验总结

1．整理实验数据，列表比较实验结果和理论计算值，分析误差原因。

（1）静态工作点和差模电压放大倍数比较。

（2）典型差动放大电路单端输出时的 CMRR 的测量值与理论计算值比较。

（3）典型差动放大电路单端输出时的 CMRR 的测量值与具有恒流源的差动放大电路的 CMRR 的测量值比较。

2．比较 u_i、u_{C1}、u_{C2} 之间的相位关系。

3．根据实验结果，总结电阻 R_E 和恒流源的作用。

1.5.6　预习要求

1．根据实验电路参数，估算典型差动放大电路和具有恒流源的差动放大电路的静态工作点及差模电压放大倍数（$\beta_1=\beta_2=100$）。

2．测量静态工作点时，放大器输入端 A、B 与地应如何连接？

3．实验中如何获得双端和单端输入差模信号？如何获得共模信号？画出 A、B 端与函数信号发生器之间的连接图。

4．如何进行静态调零点？用什么仪表测 U_o？

5．如何用交流毫伏表测双端输出电压 U_o？

第 2 章 集成运算放大电路实验

2.1 集成运算放大器指标测试

2.1.1 实验目的

1. 掌握集成运算放大器主要指标的测试方法。

2. 通过对集成运算放大器μA741的指标进行测试，了解集成运算放大器组件的主要参数的定义和表示方法。

2.1.2 实验原理

集成运算放大器（以下简称运放）是一种线性集成电路，和其他半导体器件一样，它是用一些指标来衡量其质量优劣的。为了正确地使用运放，就必须了解它的主要指标。运放的各项指标通常是用专用仪器进行测试的，这里介绍的是一种简易测试方法。

本实验采用的运放型号为μA741（或 F007），引脚图如图 2-1 所示，它是 8 脚双列直插式组件，②脚和③脚分别为反相输入端和同相输入端，⑥脚为输出端，⑦脚和④脚为正、负电源端，①脚和⑤脚为失调调零端（①脚和⑤脚之间可接入一只几十千欧的电位器，并将滑动触头接到负电源端），⑧脚为空脚。

1. μA741 主要指标测试

（1）输入失调电压 U_{OS}。

当理想运放的输入信号为零时，其输出也为零。但是即使是最优质的集成组件，其运放内部差动输入级参数不完全对称，输出电压也往往不为零。这种零输入时输出不为零的现象称为运放的失调。

输入失调电压 U_{OS} 是指输入信号为零时,输出端出现的电压折算到同相输入端的数值。

输入失调电压测试电路如图 2-2 所示。闭合开关 K_1 及 K_2，使电阻 R_B 短接，此时的输出电压 U_{o1} 即为输出失调电压，则输入失调电压为

$$U_{OS} = \frac{R_1}{R_1 + R_F} U_{o1}$$

实际测出的 U_{OS} 可能为正，也可能为负，一般为 1～5mV。对于高质量的运放，U_{OS} 在 1mV 以下。

测试中应注意：

① 将运放的调零端开路；

② 要求电阻 R_1 和 R_2、R_3 和 R_F 的参数严格对称。

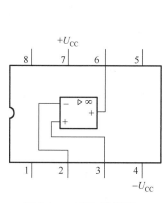

图 2-1　μA741 引脚图

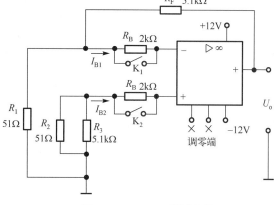

图 2-2　U_{OS}、I_{OS} 测试电路

（2）输入失调电流 I_{OS}。

输入失调电流 I_{OS} 是指当输入信号为零时，运放的两个输入端的基极偏置电流之差

$$I_{OS} = \left| I_{B1} - I_{B2} \right|$$

输入失调电流的大小反映了运放内部差动输入级两个晶体管的 β 的失配度，由于 I_{B1}、I_{B2} 本身的数值已很小（微安级），因此它们的差值通常不能直接测量，测试电路如图 2-2 所示，测试分两步进行：

① 闭合开关 K_1 及 K_2，在低输入电阻下，如前所述测出输出电压 U_{o1}，这是由输入失调电压 U_{OS} 所引起的输出电压；

② 断开开关 K_1 及 K_2，接入两个输入电阻 R_B，由于 R_B 的阻值较大，流经它们的输入电流的差异将变成输入电压的差异，因此也会影响输出电压的大小，可见测出两个电阻 R_B 接入时的输出电压 U_{o2}。若从中忽略输入失调电压 U_{OS} 的影响，则输入失调电流 I_{OS} 为

$$I_{OS} = \left| I_{B1} - I_{B2} \right| = \left| U_{o2} - U_{o1} \right| \frac{R_1}{R_1 + R_F} \frac{1}{R_B}$$

一般地，I_{OS} 为几十至几百纳安（$1\text{nA} = 10^{-9}\text{A}$），高质量运放的 I_{OS} 小于 1nA。

测试中应注意：

① 将运放的调零端开路；

② 两输入端电阻 R_B 必须精确地配对。

（3）开环差模电压放大倍数 A_{ud}。

运放在没有外部反馈时的直流差模电压放大倍数称为开环差模电压放大倍数，用 A_{ud} 表示，它定义为开环输出电压 U_o 与两个差分输入端之间所加电压 U_{id} 之比

$$A_{ud} = \frac{U_o}{U_{id}}$$

按定义，A_{ud} 应是信号频率为零时的直流放大倍数，但为了测试方便，通常采用低频（几十赫兹以下）正弦交流信号进行测量。由于运放的开环电压放大倍数很大，难以直接进行测量，因此一般采用闭环测量方法。A_{ud} 的测试方法有很多，现采用交、直流同时闭环的测试方法，如图 2-3 所示。

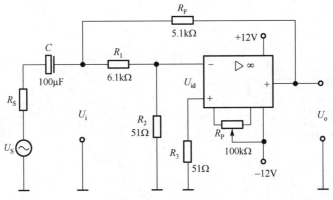

图 2-3　A_{ud} 测试电路

被测运放一方面通过 R_F、R_1、R_2 完成直流闭环，以抑制输出电压漂移，另一方面通过 R_F 和 R_S 实现交流闭环，外加信号 u_S 经 R_1、R_2 分压，使 u_{id} 足够小，以保证运放工作在线性区，同相输入端电阻 R_3 应与反相输入端电阻 R_2 相匹配，以减小输入偏置电流的影响，电容 C 为隔直电容。被测运放的开环电压放大倍数为

$$A_{ud} = \frac{U_o}{U_{id}} = \left(1 + \frac{R_1}{R_2}\right)\frac{U_o}{U_i}$$

通常低增益运放的 A_{ud} 为 60～70dB，中增益运放的 A_{ud} 约为 80dB，高增益运放的 A_{ud} 在 100dB 以上，可达 120～140dB。

测试中应注意：

① 测试前电路应首先消振及调零；

② 被测运放要工作在线性区；

③ 输入信号的频率应较低，一般为 50～100Hz，输出信号的幅度应较小，且无明显失真。

（4）共模抑制比（CMRR）。

运放的差模电压放大倍数 A_d 与共模电压放大倍数 A_c 之比称为共模抑制比

$$CMRR = \left|\frac{A_d}{A_c}\right| \quad \text{或} \quad CMRR = 20\lg\left|\frac{A_d}{A_c}\right| \text{(dB)}$$

共模抑制比在应用中是一个很重要的参数，理想运放对输入的共模信号的输出为零，但在实际的运放中，其输出不可能没有共模信号的成分，输出端共模信号越小，说明电路的对称性越好。也就是说，运放对共模干扰信号的抑制能力越强，即 CMRR 越大。CMRR 的测试电路如图 2-4 所示。

运放在闭环状态下的差模电压放大倍数为

$$A_d = -\frac{R_F}{R_1}$$

当接入共模输入信号 U_{ic} 时，测得 U_{oc}，则共模电压放大倍数为

$$A_c = \frac{U_{oc}}{U_{ic}}$$

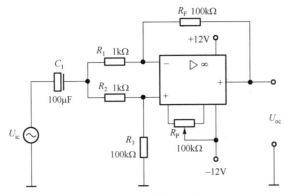

图 2-4　CMRR 的测试电路

得共模抑制比

$$CMRR = \left| \frac{A_\mathrm{d}}{A_\mathrm{c}} \right| = \frac{R_\mathrm{F}}{R_1} \cdot \frac{U_\mathrm{ic}}{U_\mathrm{oc}}$$

测试中应注意：

① 测试前电路应首先消振与调零；

② R_1 与 R_2、R_3 与 R_F 的阻值应严格对称；

③ 输入信号 U_ic 的幅度必须小于运放的共模输入电压范围 U_icm。

（5）共模输入电压范围 U_icm。

集成运放所能承受的最大共模电压称为共模输入电压范围，超出这个范围，运放的 CMRR 会大大下降，输出波形会产生失真，有些运放还会出现自锁现象及永久性损坏。

U_icm 的测试电路如图 2-5 所示。被测运放接成电压跟随器的形式，输出端接双踪示波器，观察最大不失真输出波形，从而确定 U_icm 值。

（6）输出电压动态范围 U_opp。

集成运放的输出电压动态范围与电源电压、外接负载及信号源的频率有关。测试电路如图 2-6 所示。

改变 u_S 的幅度，观察 u_o 削顶失真开始的时刻，从而确定 u_o 的不失真范围，这就是运放在某一电源电压下可能输出的电压峰峰值。

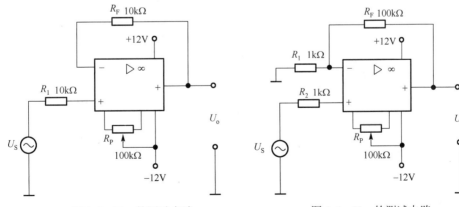

图 2-5　U_icm 的测试电路　　　　　　　　图 2-6　U_opp 的测试电路

2．集成运放在使用时应考虑的一些问题

（1）输入信号选用交流量、直流量均可，但在选取信号的频率和幅度时，应考虑运放的频响特性和输出幅度的限制。

（2）调零。为提高运算精度，在运算前应首先对直流输出电位进行调零，即保证输入为零时输出也为零。当运放有外接调零端子时，可按组件要求接入调零电位器 R_P，调零时将输入端接地，调零端接入电位器 R_P，用直流电压表测量输出电压 U_o，细心调节 R_P，使 U_o 为零（失调电压为零）。如果运放没有调零端子，若要调零，则可按图 2-7 所示电路进行调零。

一个运放如不能调零，大致有如下原因：

① 组件正常，接线有错误；

② 组件正常，但负反馈不够强（R_F/R_1 太大），为此可将 R_F 短路，观察是否能调零；

③ 组件正常，但由于它所允许的共模输入电压太低，可能出现自锁现象，因而不能调零，为此可将电源断开后再重新接通，如能恢复正常，则属于这种情况；

④ 组件正常，但电路有自激现象，应进行消振；

⑤ 组件内部损坏，应更换好的集成块。

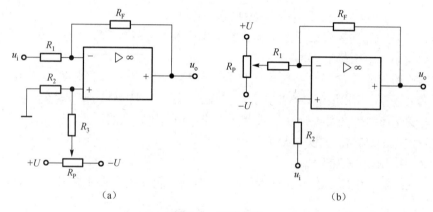

（a）　　　　　　　　　　　　　（b）

图 2-7　调零电路

（3）消振。一个集成运放自激时，表现为即使输入信号为零，也会有输出，使各种运算功能无法实现，严重时还会损坏器件。在实验中，可用双踪示波器观察输出波形。为消除运放的自激，常采用如下措施：

① 若运放有相位补偿端子，则可外接 RC 补偿电路；

② 电路布线、元器件布局时应尽量减少分布电容；

③ 在正、负电源进线与地之间将几十微法的电解电容和 $0.01 \sim 0.1\mu F$ 的陶瓷电容相并联，以减小电源引线的影响。

2.1.3　实验设备与元器件

1．±12V 直流电源

2．交流毫伏表

3．函数信号发生器

4．直流电压表

5．双踪示波器

6．集成运算放大器μA741×1

7．电阻、电容若干

2.1.4　实验内容

实验前应看清运放引脚排列及电源电压极性和数值，切忌正、负电源接反。

1．测量输入失调电压 U_{OS}

按图 2-2 连接实验电路，闭合开关 K_1、K_2，用直流电压表测量输出端电压 U_{o1}，并计算 U_{OS}，记入表 2-1。

2．测量输入失调电流 I_{OS}

实验电路如图 2-2 所示，打开开关 K_1、K_2，用直流电压表测量 U_{o2}，并计算 I_{OS}，记入表 2-1。

表 2-1　输入失调电压、输入失调电流测量值记录表

U_{OS} / mV		I_{OS} / nA		A_{ud} / dB		CMRR / dB	
测量值	典型值	测量值	典型值	测量值	典型值	测量值	典型值
	2～10		50～100		100～106		80～86

3．测量开环差模电压放大倍数 A_{ud}

按图 2-3 连接实验电路，运放输入端加 $f=100\text{Hz}$、30～50mV 的正弦信号，用双踪示波器查看输出波形，用交流毫伏表测量 U_o 和 U_i 并计算 A_{ud}，记入表 2-1。

4．测量共模抑制比 CMRR

按图 2-4 连接实验电路，运放输入端加 $f=100\text{Hz}$、$U_{ic}=1～2\text{V}$ 的正弦信号，查看输出波形，测量 U_{oc} 和 U_{ic}，计算 A_c 及 CMRR，记入表 2-1。

5．测量共模输入电压范围 U_{icm} 及输出电压动态范围 U_{opp}

自拟实验步骤及方法。

2.1.5　实验总结

1．将所测得的数据与典型值进行比较。

2．对实验结果及实验中碰到的问题进行分析、讨论。

2.1.6　预习要求

1．查阅μA741 的典型指标数据及引脚功能。

2．测量输入失调参数时，为什么要精选运放反相输入端及同相输入端的电阻，以保

证严格对称？

3．测量输入失调参数时，为什么要将运放的调零端开路，而在进行其他测试时则要求对输出电压进行调零？

4．测试信号的频率选取原则是什么？

2.2 模拟运算电路

2.2.1 实验目的

1．研究由运算放大器组成的比例、加法、减法和积分等基本运算电路的功能。

2．了解运算放大器在实际应用时应考虑的一些问题。

2.2.2 实验原理

运算放大器是一种具有高电压放大倍数的直接耦合多级放大电路。当外部接入不同的线性或非线性元器件组成输入和负反馈电路时，可以灵活地实现各种特定的函数关系。在线性应用方面，可组成比例、加法、减法、积分、微分、对数等模拟运算电路。

1．理想运算放大器的特性

在大多数情况下，将运放视为理想运放就是将运放的各项技术指标理想化，满足下列条件的运放称为理想运放。

开环电压增益 $A_{ud} = \infty$

输入阻抗 $r_i = \infty$

输出阻抗 $r_o = 0$

带宽 $f_{BW} = \infty$

失调与漂移均为零。

理想运放在线性应用时具有如下两条重要特性。

（1）输出电压 U_o 与输入电压之间满足

$$U_o = A_{ud}(U_+ - U_-)$$

由于 $A_{ud} = \infty$，而 U_o 为有限值，因此 $U_+ - U_- \approx 0$，即 $U_+ \approx U_-$，称为"虚短"。

（2）由于 $r_i = \infty$，因此流进运放两个输入端的电流可视为零，即 $I_{iB} = 0$，称为"虚断"，这说明运放对其前级吸取的电流极小。

上述两条特性是分析理想运放应用电路的基本原则，利用这两条特性可简化运放电路的计算。

2．基本运算电路

（1）反相比例运算电路。

反相比例运算电路如图 2-8 所示。对于理想运放，该电路的输出电压与输入电压之间

的关系为

$$U_{\mathrm{o}} = \frac{R_{\mathrm{F}}}{R_1} U_{\mathrm{i}}$$

为了减小输入级偏置电流引起的运算误差，应在同相输入端接入平衡电阻 $R_2 = R_1 // R_{\mathrm{F}}$。

（2）反相加法运算电路。

反相加法运算电路如图 2-9 所示，输出电压与输入电压之间的关系为

$$U_{\mathrm{o}} = -\left(\frac{R_{\mathrm{F}}}{R_1} U_{\mathrm{i1}} + \frac{R_{\mathrm{F}}}{R_2} U_{\mathrm{i2}} \right) \qquad R_3 = R_1 // R_2 // R_{\mathrm{F}}$$

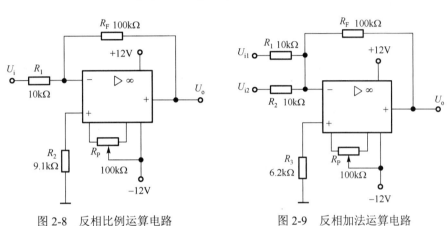

图 2-8　反相比例运算电路　　　　　图 2-9　反相加法运算电路

（3）同相比例运算电路。

图 2-10（a）是同相比例运算电路，它的输出电压与输入电压之间的关系为

$$U_{\mathrm{o}} = \left(1 + \frac{R_{\mathrm{F}}}{R_1} \right) U_{\mathrm{i}} \qquad R_2 = R_1 // R_{\mathrm{F}}$$

当 $R_1 \to \infty$ 时，$U_{\mathrm{o}} = U_{\mathrm{i}}$，即得到图 2-10（b）所示的电压跟随器。图中 $R_2 = R_{\mathrm{F}}$，用以减小漂移和起保护作用。一般 R_{F} 取 10kΩ，R_{F} 太小起不到保护作用，太大则影响跟随特性。

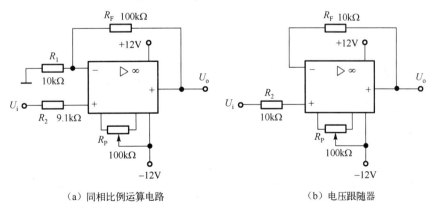

（a）同相比例运算电路　　　　　　（b）电压跟随器

图 2-10　同相比例运算电路和电压跟随器

（4）减法运算电路。

对于图 2-11 所示的减法运算电路，当 $R_1 = R_2$、$R_3 = R_F$ 时，有如下关系式

$$U_o = \frac{R_F}{R_1}(U_{i2} - U_{i1})$$

（5）积分运算电路。

积分运算电路如图 2-12 所示。在理想化条件下，输出电压 u_o 为

$$u_o(t) = -\frac{1}{R_1 C}\int_0^t u_i(t)\mathrm{d}t + u_C(0)$$

式中，$u_C(0)$ 是 $t = 0$ 时刻电容 C 两端的电压值，即初始值。

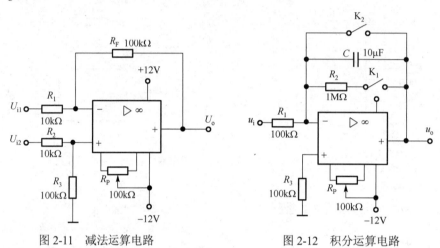

图 2-11　减法运算电路　　　　　　图 2-12　积分运算电路

如果 $u_i(t)$ 是幅值为 E 的阶跃电压，并设 $u_C(0) = 0$，则

$$u_o(t) = -\frac{1}{R_1 C}\int_0^t E\mathrm{d}t = -\frac{E}{R_1 C}t$$

即输出电压 $u_o(t)$ 随时间而线性下降。显然 $R_1 C$ 的数值越大，达到给定的 U_o 值所需的时间就越长。积分输出电压所能达到的最大值受集成运放最大输出电压的限制。

在进行积分运算之前，首先应对运放调零。为了便于调节，将图中的 K₁ 闭合，即通过电阻 R_2 的负反馈作用实现调零。但在完成调零后，应将 K₁ 打开，以免因 R_2 的接入造成积分误差。K₂ 的设置一方面为积分电容放电提供通路，同时可使积分电容初始电压 $u_C(0) = 0$，另一方面可控制积分的起始点，即在加入信号 $u_i(t)$ 后，只要 K₂ 打开，电容就将被恒流充电，电路也就开始进行积分运算。

2.2.3　实验设备与元器件

1．±12V 直流电源

2．函数信号发生器

3．交流毫伏表

4. 直流电压表
5. 集成运算放大器μA741×1
6. 电阻、电容若干

2.2.4 实验内容

实验前要看清运放各引脚的位置；切忌正、负电源极性接反和输出端短路，否则会损坏集成块。

1. 反相比例运算电路

（1）按图 2-8 连接实验电路，接通±12V 直流电源，输入端对地短路，进行调零和消振。

（2）输入 $f=1kHz$、$U_i=0.5V$ 的正弦交流信号，测量相应的 U_o，并用双踪示波器观察 u_o 和 u_i 的相位关系，记入表 2-2。

表 2-2　反相比例运算电路测量值记录表

U_i / V	U_o / V	u_i 波形	u_o 波形	A_u	
				测 量 值	计 算 值

2. 同相比例运算电路

（1）按图 2-10（a）连接实验电路。实验步骤同内容 1，将结果记入表 2-3。

（2）将图 2-10（a）中的 R_1 断开，得图 2-10（b）电路，重复内容（1）。

表 2-3　同相比例运算电路测量值记录表

U_i / V	U_o / V	u_i 波形	u_o 波形	A_u	
				测 量 值	计 算 值

3. 反相加法运算电路

（1）按图 2-9 连接实验电路，并调零和消振。

（2）输入信号采用直流信号，图 2-13 所示电路为简易可调直流信号源，由实验者自行完成。实验时要注意选择合适的直流信号幅度以确保集成运放工作在线性区。用直流电压表测量输入电压 U_{i1}、U_{i2} 及输出电压 U_o，记入表 2-4。

4. 减法运算电路

（1）按图 2-11 连接实验电路，并调零和消振。

（2）采用直流输入信号，实验步骤同内容 3，记入表 2-5。

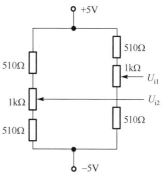

图 2-13　简易可调直流信号源

表 2-4　反相加法运算电路测量值记录表

U_{i1} / V						
U_{i2} / V						
U_o / V						

表 2-5　减法运算电路测量值记录表

U_{i1} / V						
U_{i2} / V						
U_o / V						

5. 积分运算电路

实验电路如图 2-12 所示。

（1）打开 K_2，闭合 K_1，对运放的输出进行调零。

（2）调零完成后，再打开 K_1，闭合 K_2，使 $u_C(0)=0$。

（3）预先调好直流输入电压 $U_i=0.5V$，接入实验电路，再打开 K_2，然后用直流电压表测量输出电压 U_o，每隔 5s 读一次 U_o，记入表 2-6，直到 U_o 不再明显增大为止。

表 2-6　积分运算电路测量值记录表

t / s	0	5	10	15	20	25	30	…
U_o / V								

2.2.5　实验总结

1. 整理实验数据，画出波形图（注意波形间的相位关系）。
2. 将理论计算结果和测量数据相比较，分析产生误差的原因。
3. 分析并讨论实验中出现的现象和问题。

2.2.6　预习要求

1. 复习集成运放线性应用部分内容，并根据实验电路参数计算各电路输出电压的理论值。

2. 在反相加法运算电路中，如 U_{i1}、U_{i2} 均采用直流信号，并选定 $U_{i2}=-1V$，当考虑运放的最大输出幅度（±12V）时，$|U_{i1}|$ 的大小不应超过多少伏？

3. 在积分运算电路中，如 $R_1=100k\Omega$，$C=4.7\mu F$，求时间常数。

4. 假设 $U_i=0.5V$，要使输出电压 U_o 达到 5V，需多长时间（设 $u_C(0)=0$）？

5. 为了不损坏集成块，实验中应注意什么问题？

2.3　有源滤波电路

2.3.1　实验目的

1. 熟悉用运放、电阻和电容组成有源低通滤波器、高通滤波器、带通滤波器和带阻滤波器。

2. 学会测量有源滤波器的幅频特性。

2.3.2　实验原理

由 R、C 元件与运放组成的滤波器称为 RC 有源滤波器，其功能是让一定频率范围内的信号通过，抑制或急剧衰减此频率范围以外的信号。它可用在信息处理、数据传输、抑制干扰等方面，但因受运放频带的限制，这类滤波器主要用于低频范围。根据对频率范围的选择不同，可分为低通滤波器（LPF）、高通滤波器（HPF）、带通滤波器（BPF）与带阻滤波器（BEF）这 4 种，它们的幅频特性曲线如图 2-14 所示。

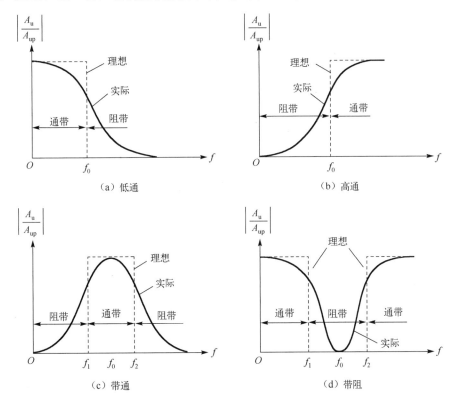

图 2-14　4 种滤波器的幅频特性曲线

具有理想幅频特性的滤波器是很难实现的，只能用实际的幅频特性去逼近。一般来说，滤波器的幅频特性越好，其相频特性越差，反之亦然。滤波器的阶数越高，幅频特性衰减的速率越大，但 RC 网络的节数越大，元器件参数计算越烦琐，电路调试越困难。任何高阶滤波器均可以用较低的二阶 RC 有源滤波器级联实现。

1. 低通滤波器（LPF）

低通滤波器用来通过低频信号，衰减或抑制高频信号。

图 2-15（a）所示为典型的二阶低通滤波器。它由两级 RC 滤波环节与同相比例运算电路组成，其中第一级电容 C 接至输出端，引入适量的正反馈，以改善幅频特性。

图 2-15（b）为二阶低通滤波器的幅频特性曲线。

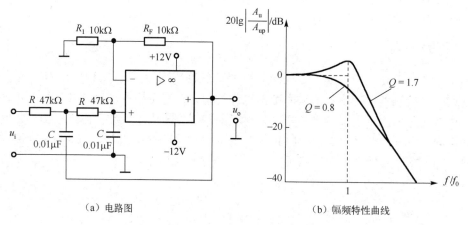

（a）电路图　　　　　　　　　　　（b）幅频特性曲线

图 2-15　二阶低通滤波器

电路性能参数如下。

$$A_{up} = 1 + \frac{R_F}{R_1}$$ ——二阶低通滤波器的通带增益。

$$f_0 = \frac{1}{2\pi RC}$$ ——截止频率，它是二阶低通滤波器的通带与阻带的界限频率。

$$Q = \frac{1}{3 - A_{up}}$$ ——品质因数，它会影响二阶低通滤波器在截止频率处幅频特性曲线的形状。

2．高通滤波器（HPF）

与低通滤波器相反，高通滤波器用来通过高频信号，衰减或抑制低频信号。

只要将图 2-15 所示二阶低通滤波器中起滤波作用的电阻、电容互换，即可变成二阶高通滤波器，如图 2-16（a）所示。高通滤波器的性能与低通滤波器相反，其频率响应和低通滤波器是"镜像"关系，仿照 LPF 的分析方法，不难求得 HPF 的幅频特性，幅频特性曲线如图 2-16（b）所示。

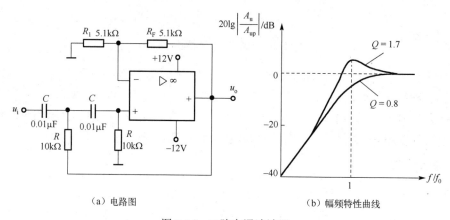

（a）电路图　　　　　　　　　　　（b）幅频特性曲线

图 2-16　二阶高通滤波器

电路性能参数 A_{up}、f_0、Q 各量的含义同二阶低通滤波器。

图 2-16（b）为二阶高通滤波器的幅频特性曲线，可见它与二阶低通滤波器的幅频特性曲线有"镜像"关系。

3. 带通滤波器（BPF）

这种滤波器的作用是只允许在某一个通带范围内的信号通过，而比通带下限频率低和比上限频率高的信号均被衰减或抑制。

典型的带通滤波器可以在二阶低通滤波器中将其中一级改成高通滤波器而成，如图2-17（a）所示，其幅频特性曲线如图2-17（b）所示。

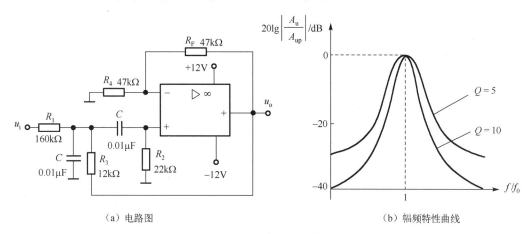

（a）电路图　　　　　　　　　　　　　　　（b）幅频特性曲线

图 2-17　二阶带通滤波器

电路性能参数如下。

通带增益

$$A_{up} = \frac{R_4 + R_F}{R_4 R_1 CB}$$

中心频率

$$f_0 = \frac{1}{2\pi}\sqrt{\frac{1}{R_2 C^2}\left(\frac{1}{R_1} + \frac{1}{R_3}\right)}$$

通带宽度

$$B = \frac{1}{C}\left(\frac{1}{R_1} + \frac{2}{R_2} - \frac{R_F}{R_3 R_4}\right)$$

品质因数

$$Q = \frac{\omega_0}{B}$$

式中，ω_0 是中心角频率。

此电路的优点是通过改变 R_F 和 R_4 的比例就可改变通带宽度而不影响中心频率。

4. 带阻滤波器（BEF）

如图 2-18（a）所示，这种电路的性能和带通滤波器相反，即在规定的频率范围内信号不能通过（或受到很大衰减或抑制），而在其余频率范围内信号则能顺利通过。

在双 T 网络后加一级同相比例运算电路就构成了基本的二阶带阻滤波器，其幅频特性曲线如图2-18（b）所示。

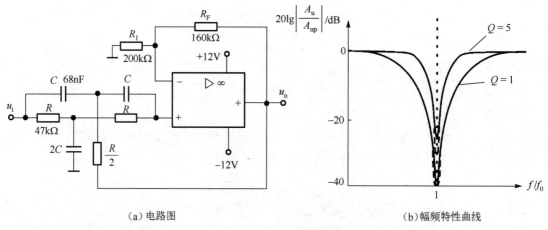

（a）电路图　　　　　　　　　　　　　　（b）幅频特性曲线

图 2-18　二阶带阻滤波器

电路性能参数如下。

通带增益　　　　　　　　$$A_{up} = 1 + \frac{R_F}{R_1}$$

中心频率　　　　　　　　$$f_0 = \frac{1}{2\pi RC}$$

阻带宽度　　　　　　　　$$B = 2(2 - A_{up})f_0$$

品质因数　　　　　　　　$$Q = \frac{1}{2(2 - A_{up})}$$

2.3.3　实验设备与元器件

1．±12V 直流电源
2．交流毫伏表
3．函数信号发生器
4．频率计
5．双踪示波器
6．集成运算放大器μA741
7．电阻、电容若干

2.3.4　实验内容

1．二阶低通滤波器

实验电路如图 2-15（a）所示。

（1）粗测：接通±12V 直流电源。输入 $U_i = 1V$ 的正弦信号，在滤波器截止频率附近改变输入信号频率，用双踪示波器或交流毫伏表观察输出电压幅度的变化是否具备低通特性，如不具备，应排除电路故障。

（2）在输出波形不失真的条件下，选取适当幅度的正弦输入信号，在维持输入信号幅度不变的情况下，逐点改变输入信号的频率。测量输出电压，记入表 2-7，测绘幅频特性。

表 2-7　二阶低通滤波器的幅频特性

f / kHz	
U_o / V	

2.　二阶高通滤波器

实验电路如图 2-16（a）所示。

（1）粗测：输入 U_i=1V 的正弦信号，在滤波器截止频率附近改变输入信号的频率，观察电路是否具备高通特性。

（2）测绘高通滤波器的幅频特性，记入表 2-8。

表 2-8　二阶高通滤波器的幅频特性

f / kHz	
U_o / V	

3.　带通滤波器

实验电路如图 2-17（a）所示，测量其幅频特性，记入表 2-9。

（1）实测电路的中心频率 f_0。

（2）以中心频率 f_0 为中心，测绘电路的幅频特性。

表 2-9　带通滤波器的幅频特性

f / kHz	
U_o / V	

4.　带阻滤波器

实验电路如图 2-18（a）所示。

（1）实测电路的中心频率 f_0。

（2）测绘电路的幅频特性，记入表 2-10。

表 2-10　带阻滤波器的幅频特性

f / kHz	
U_o / V	

2.3.5　实验总结

1．整理实验数据，画出实测的各电路的幅频特性曲线。

2．根据实验曲线，计算截止频率、中心频率、带宽及品质因数。

3．总结有源滤波电路的特性。

2.3.6　预习要求

1. 复习教材有关滤波器的内容。
2. 分析图 2-15、图 2-16、图 2-17、图 2-18 所示电路，写出它们的增益特性表达式。
3. 计算图 2-15、图 2-16 的截止频率和图 2-17、图 2-18 的中心频率。

画出上述 4 种电路的幅频特性曲线。

2.4　电压比较电路

2.4.1　实验目的

掌握电压比较器（电压比较电路）的电路构成及特点。

2.4.2　实验原理

电压比较器是集成运放的非线性应用电路，它将一个模拟量电压信号和一个参考电压相比较，在二者幅度相等的附近，输出电压将产生跃变，相应输出高电平或低电平。电压比较器可以组成非正弦波形变换电路及应用于模拟与数字信号转换等领域。

图 2-19 所示为简单的电压比较器，U_R 为参考电压，加在运放的同相输入端，输入电压 u_i 加在反相输入端。

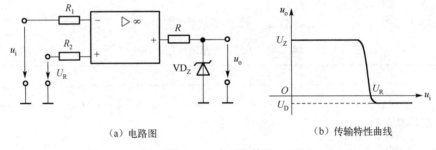

（a）电路图　　　　　　　　　　（b）传输特性曲线

图 2-19　电压比较器

当 $u_i < U_R$ 时，运放输出高电平，稳压管 VD_Z 反向稳压工作。输出端电位被其钳位在稳压管的稳定电压 U_Z，即 $u_o = U_Z$。

当 $u_i > U_R$ 时，运放输出低电平，稳压管 VD_Z 正向导通，输出电压等于稳压管的正向压降 U_D，即 $u_o = U_D$。

因此，以 U_R 为界，当输入电压 u_i 变化时，输出端反映了两种状态：高电位和低电位。

表示输出电压与输入电压之间关系的特性曲线称为传输特性曲线，图 2-19（b）为图 2-19（a）所示电压比较器的传输特性曲线。

常用的电压比较器有过零比较器、滞回比较器、窗口（双限）比较器等。

1. 过零比较器

图 2-20 所示为加限幅电路的过零比较器，VD_Z 为限幅稳压管。信号从运放的反相输入

端输入，参考电压为零，从同相端输入。当 $u_i>0$ 时，输出 $u_o=-(U_Z+U_D)$；当 $u_i<0$ 时，$u_o=+(U_Z+U_D)$，其电压传输特性曲线如图 2-20（b）所示。

过零比较器结构简单，灵敏度高，但抗干扰能力差。

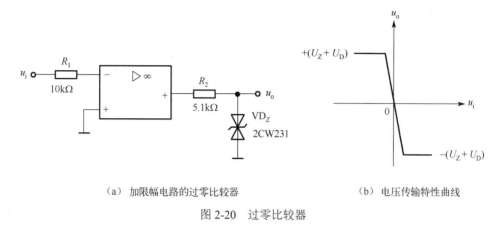

（a）加限幅电路的过零比较器　　　　　　（b）电压传输特性曲线

图 2-20　过零比较器

2．滞回比较器

图 2-21 所示为滞回比较器，它是具有滞回特性的过零比较器。

过零比较器在实际工作时，如果 u_i 恰好在过零值附近，则由于存在零点漂移，u_o 将不断由一个极限值转换为另一个极限值，在控制系统中这对执行机构是很不利的。为此，就需要输出特性具有滞回现象。如图 2-21 所示，从输出端引一个电阻分压正反馈支路到同相输入端，若 u_o 改变状态，Σ 点也随着改变电位，使过零点离开原来位置。若 u_o 为正（记作 U_+），有

$$U_{\Sigma}=\frac{R_2}{R_F+R_2}U_+$$

则在 $u_i>U_{\Sigma}$ 后，u_o 即由正变负（记作 U_-），此时 U_{Σ} 变为 $-U_{\Sigma}$ ，故只有当 u_i 下降到 $-U_{\Sigma}$ 以下时，才能使 u_o 再度回升到 U_+，于是出现图 2-21（b）所示的滞回特性曲线。$-U_{\Sigma}$ 与 U_{Σ} 的差称为同差，改变 R_2 的数值可以改变同差的大小。

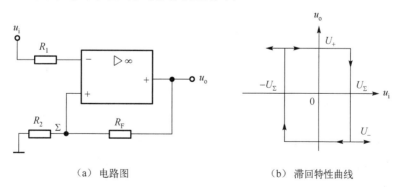

（a）电路图　　　　　　　　（b）滞回特性曲线

图 2-21　滞回比较器

3．窗口（双限）比较器

简单的电压比较器仅能鉴别输入电压 u_i 比参考电压 U_R 高或低的情况，窗口（双限）比较器是由两个简单的电压比较器组成的，如图 2-22 所示，它能指示出 u_i 值是否处于 U_R^+ 和 U_R^- 之间。如果 $U_R^- < U_R < U_R^+$，则窗口（双限）比较器的输出电压 U_o 等于运放的正饱和输出电压（$+U_{omax}$）。如果 $U_i < U_R^-$ 或 $U_i > U_R^+$，则输出电压 U_o 等于运放的负饱和输出电压（$-U_{omax}$）。

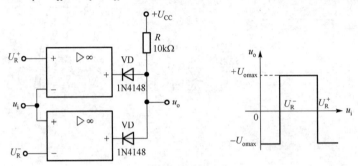

图 2-22　由两个简单的电压比较器组成的窗口（双限）比较器

2.4.3　实验设备与元器件

1．±12V 直流电源
2．直流电压表
3．函数信号发生器
4．交流毫伏表
5．双踪示波器
6．集成运算放大器μA741×2
7．稳压管 2CW231×1
8．二极管 1N4148×2
9．电阻若干

2.4.4　实验内容

1．过零比较器

实验电路如图 2-20 所示。
（1）接通±12V 直流电源。
（2）测量 u_i 悬空时的 U_o 值。
（3）u_i 接频率为 500Hz、幅值为 2V 的正弦信号，观察 u_i 和 u_o 波形并记录。
（4）改变 u_i 的幅值，测定传输特性。

2．反相滞回比较器

实验电路如图 2-23 所示。
（1）按图接线，u_i 接+5V 可调直流电源，测出 u_o 由+U_{omax} 变为−U_{omax} 时 u_i 的临界值。

（2）同上，测出 u_o 由$-U_{omax}$ 变为$+U_{omax}$ 时 u_i 的临界值。

（3）u_i 接频率为 500Hz、峰值为 2V 的正弦信号，观察 u_i 和 u_o 波形并记录。

（4）将分压支路的 100kΩ 电阻改为 200kΩ，重复上述实验，测定传输特性。

3．同相滞回比较器

实验电路如图 2-24 所示。

（1）参照反相滞回比较器，自拟实验步骤及方法。

（2）将结果与反相滞回比较器结果进行比较。

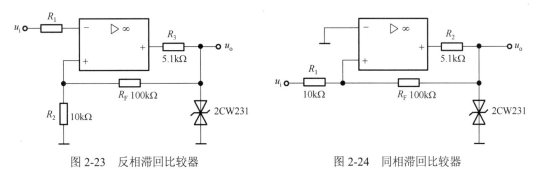

图 2-23 反相滞回比较器   图 2-24 同相滞回比较器

4．窗口（双限）比较器

参照图 2-22 自拟实验步骤和方法并测定其传输特性。

2.4.5 实验总结

整理实验数据，绘制各类比较器的传输特性曲线。总结几种比较器的特点，阐明它们的应用。

2.4.6 预习要求

1．复习教材有关比较器的内容。

2．画出各类比较器的传输特性曲线。

3．若要将图 2-22 所示的窗口（双限）比较器的电压传输曲线的高电平、低电平对调，应如何改动比较器电路？

2.5 波形发生电路

2.5.1 实验目的

1．学习用集成运放构成正弦波、方波和三角波发生器。

2．学习波形发生电路的调整和主要性能指标的测试方法。

2.5.2　实验原理

由集成运放构成的正弦波、方波和三角波发生器有多种形式，本实验选用常用的、比较简单的几种电路进行分析。

1．RC 桥式正弦波振荡器（文氏电桥振荡器）

图 2-25 所示为 RC 桥式正弦波振荡器。其中 RC 串并联电路构成正反馈支路，同时兼作选频网络，R_1、R_2、R_P 及二极管等元器件构成负反馈和稳幅环节。调节电位器 R_P 可以改变负反馈深度，以满足振荡的振幅条件和改善波形。利用两个反向并联二极管 VD_1、VD_2 正向电阻的非线性特性可实现稳幅。VD_1、VD_2 采用硅管（温度稳定性好），且要求特性匹配，才能保证输出波形的正、负半周对称。R_3 的接入是为了削弱二极管非线性的影响，以改善波形失真。

电路的振荡频率

$$f_0 = \frac{1}{2\pi RC}$$

起振的幅值条件

$$\frac{R_F}{R_1} \geqslant 2$$

式中，$R_F = R_P + R_2 + (R_3 // r_D)$，$r_D$ 是二极管的正向导通电阻。

调整反馈电阻 R_F（通过调整 R_P）可使电路起振，且波形失真最小。如不能起振，则说明负反馈太强，应适当加大 R_F。如波形失真严重，则应适当减小 R_F。

改变选频网络的参数 C 或 R，即可调节振荡频率。一般通过改变电容 C 来实现频率量程切换，而通过调节 R 来实现量程内的频率细调。

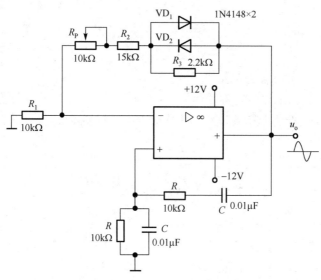

图 2-25　RC 桥式正弦波振荡器

2. 方波发生器

由集成运放构成的方波发生器和三角波发生器，一般均包括比较器和 RC 积分器两大部分。图 2-26 所示为由滞回比较器及简单 RC 积分电路组成的方波-三角波发生器（此处称为方波发生器）。它的特点是电路简单，但三角波的线性度较差，主要用于产生方波或对三角波要求不高的场合。

电路的振荡频率
$$f_0 = \frac{1}{2R_\text{F}C_\text{F}\ln\left(1+\dfrac{2R_2}{R_1}\right)}$$

式中，$R_1 = R_1' + R_\text{P}'$，$R_2 = R_2' + R_\text{P}''$，$R_\text{P} = R_\text{P}' + R_\text{P}''$。

方波的输出幅值
$$U_\text{om} = \pm U_\text{Z}$$

三角波的输出幅值
$$U_\text{cm} = \frac{R_2}{R_1 + R_2}U_\text{Z}$$

调节电位器 R_P（改变 R_2/R_1）可以改变振荡频率，但三角波的幅值也随之变化。如要互不影响，则可通过改变 R_F（或 C_F）来实现振荡频率的调节。

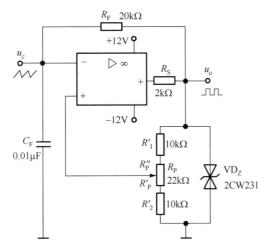

图 2-26   方波发生器

3. 三角波、方波发生器

如把滞回比较器和积分器首尾相接可形成正反馈闭环系统，如图 2-27 所示，则比较器 A_1 输出的方波经积分器 A_2 积分后可得到三角波，三角波又触发比较器自动翻转形成方波，这样即可构成三角波、方波发生器。图 2-28 所示为三角波、方波发生器的输出波形图。由于采用由运放组成的积分电路，因此可实现恒流充电，使三角波的线性大大改善。

电路的振荡频率
$$f_0 = \frac{R_2}{4R_1(R_\text{F} + R_\text{P})C_\text{F}}$$

方波的幅值
$$U_\text{om}' = \pm U_\text{Z}$$

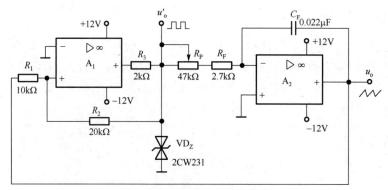

图 2-27　三角波、方波发生器

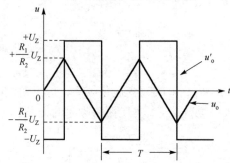

图 2-28　三角波、方波发生器的输出波形图

三角波的幅值 $\qquad\qquad U_{\mathrm{om}} = \dfrac{R_1}{R_2}U_Z$

调节 R_P 可以改变振荡频率，改变比值 $\dfrac{R_1}{R_2}$ 也可调节三角波的幅值。

2.5.3　实验设备与元器件

1．±12V 直流电源
2．函数信号发生器
3．双踪示波器
4．交流毫伏表
5．频率计
6．集成运算放大器 μA741×2
7．二极管 1N4148×2
8．稳压管 2CW231×1
9．电阻、电容若干

2.5.4　实验内容

1．RC 桥式正弦波振荡器

按图 2-25 连接实验电路。

（1）接通±12V 直流电源，调节电位器 R_P 动点使输出波形从无到有，从正弦波到出现失真。描绘 u_o 的波形，记下临界起振、正弦波输出及失真情况下的 R_P 值，分析负反馈强弱对起振条件及输出波形的影响。

（2）调节电位器 R_P 动点使输出电压 u_o 幅值最大且不失真，用交流毫伏表分别测量输出电压 U_o、反馈电压 U_+ 和 U_-，分析和研究振荡的幅值条件。

（3）用双踪示波器或频率计测量振荡频率 f_0，然后在选频网络的两个电阻 R 上并联同一阻值电阻，观察并记录振荡频率的变化情况，与理论值进行比较。

（4）断开二极管 VD_1、VD_2，重复（2）的内容，将测试结果与（2）进行比较，分析 VD_1、VD_2 的稳幅作用。

（5）观察 RC 串并联网络的幅频特性。将 RC 串并联网络与运放断开，由函数信号发生器输入 3V 左右的正弦信号，并用双踪示波器同时观察 RC 串并联网络的输入、输出波形。保持输入幅值（3V）不变，从低到高改变频率，当信号源频率达到某一值时，RC 串并联网络的输出电压将达最大值（约 1V），且输入、输出同相位。此时的信号源频率为

$$f = f_0 = \frac{1}{2\pi RC}$$

2．方波发生器

按图 2-26 连接实验电路。

（1）将电位器 R_P 动点调至中心位置，用双踪示波器观察并描绘方波 u_o 及三角波 u_c 的波形（注意对应关系），测量其幅值及频率并记录。

（2）改变 R_P 动点的位置，观察 u_o、u_c 的幅值及频率变化情况。把动点调至最上端和最下端，测量频率范围并记录。

（3）将 R_P 动点恢复至中心位置，将一只稳压管短接，观察 u_o 的波形，分析 VD_Z 的限幅作用。

3．三角波、方波发生器

按图 2-27 连接实验电路。

（1）将电位器 R_P 动点调至合适位置，用双踪示波器观察并描绘三角波输出 u_o 及方波输出 u'_o，测其幅值、频率及 R_P 值并记录。

（2）改变 R_P 动点的位置，观察对 u_o、u'_o 的幅值及频率的影响。

（3）改变 R_1（或 R_2），观察对 u_o、u'_o 的幅值及频率的影响。

2.5.5　实验总结

1．RC 桥式正弦波振荡器

（1）列表整理实验数据，画出波形，把实测频率与理论计算值进行比较。

（2）根据实验分析 RC 振荡器的振幅条件。

（3）讨论二极管 VD_1、VD_2 的稳幅作用。

2．方波发生器

（1）列表整理实验数据，在同一坐标纸上，按比例画出方波和三角波的波形图，并标明时间和电压幅值。

（2）分析 R_P 动点的变化对 u_o 波形的幅值及频率的影响。

（3）讨论 VD_Z 的限幅作用。

3．三角波、方波发生器

（1）整理实验数据，将实测频率与理论计算值进行比较。

（2）在同一坐标纸上，按比例画出三角波及方波的波形图，并标明时间和电压幅值。

（3）分析电路参数变化（R_1、R_2 和 R_P）对输出波形的频率及幅值的影响。

2.5.6 预习要求

1．复习有关 RC 桥式正弦波振荡器、三角波及方波发生器的工作原理，并估算图 2-25、图 2-26、图 2-27 电路的振荡频率。

2．设计实验表格。

3．为什么要在 RC 桥式正弦波振荡电路中引入负反馈支路？为什么要增加二极管 VD_1、VD_2？它们是如何稳幅的？

4．电路参数变化对图 2-26、图 2-27 产生的方波和三角波的频率及幅值有什么影响？如何改变图 2-26、图 2-27 电路中方波及三角波的频率及幅值？

5．在波形发生器的各电路中，是否需要"相位补偿"和"调零"？为什么？

6．如何测量非正弦波电压的幅值？

第3章 正弦波振荡电路实验

3.1 RC 正弦波振荡电路

3.1.1 实验目的

1. 进一步学习 RC 正弦波振荡器的组成及其振荡条件。
2. 学会测量、调试振荡器。

3.1.2 实验原理

从结构上看，正弦波振荡器是没有输入信号的带选频网络的正反馈放大器。若用 R、C 元件组成选频网络，就称为 RC 振荡器，一般用来产生 1Hz～1MHz 的低频信号。

1. RC 移相振荡器

RC 移相振荡器原理图如图 3-1 所示，选择 $R \gg R_i$。

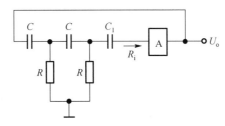

图 3-1　RC 移相振荡器原理图

振荡频率 　　　　　　　　　　$$f_0 = \frac{1}{2\pi\sqrt{6}RC}$$

起振条件　　　　　　放大器 A 的电压放大倍数 $|A| > 29$

电路特点是简便，但选频作用差，振幅不稳，频率调节不便，一般用于频率固定且稳定性要求不高的场合。

频率范围为几赫兹到几十千赫兹。

2. RC 串并联网络（文氏桥）振荡器

RC 串并联网络（文氏桥）振荡器原理图如图 3-2 所示。

振荡频率 　　　　　　　　　　$$f_0 = \frac{1}{2\pi RC}$$

起振条件　　　　　　　　　　$|A| > 3$

电路特点是可方便地连续改变振荡频率，便于加负反馈从而稳幅，容易得到良好的振荡波形。

3．双 T 选频网络振荡器

双 T 选频网络振荡器原理图如图 3-3 所示。

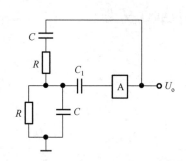

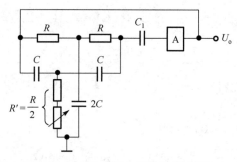

图 3-2　RC 串并联网络振荡器原理图　　　　图 3-3　双 T 选频网络振荡器原理图

振荡频率

$$f_0 = \frac{1}{5RC}$$

起振条件

$$R' < \frac{R}{2} \qquad |AF| > 1$$

其中，F 是反馈系数的通用符号。电路特点是选频特性好，调频困难，适用于产生单一频率的振荡信号。

注：本实验采用两级共射极分立元件放大器组成 RC 正弦波振荡器。

3.1.3　实验设备与元器件

1. +12V 直流电源
2. 函数信号发生器
3. 双踪示波器
4. 频率计
5. 直流电压表
6. 3DG6×2 或 3DG12×2 或 9013×2
7. 电阻、电容、电位器若干

3.1.4　实验内容

1．RC 串并联网络振荡器

（1）按图 3-4 连接电路。

（2）断开 RC 串并联网络，测量放大器的静态工作点及电压放大倍数。

（3）接入 RC 串并联网络，并使电路起振，用示波器观测输出电压 u_o 的波形，调节 R_F 以获得满意的正弦信号，记录波形及其参数。

（4）测量振荡频率，并与理论计算值进行比较。

（5）改变 R 或 C 值，观察振荡频率的变化情况。

（6）观察 RC 串并联网络的幅频特性。

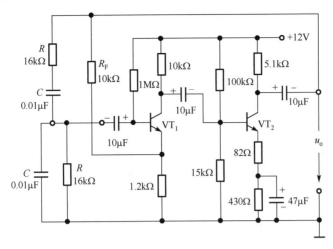

图 3-4　RC 串并联网络振荡器

将 RC 串并联网络与放大器断开，将函数信号发生器的正弦信号输入 RC 串并联网络，保持输入信号的幅度不变（约 3V），频率由低到高变化，RC 串并联网络的输出幅值将随之变化，当信号源的频率达某一值时，RC 串并联网络的输出将达最大值（约 1V），且输入、输出同相位，此时信号源的频率为

$$f = f_0 = \frac{1}{2\pi RC}$$

2．双 T 选频网络振荡器

（1）按图 3-5 连接电路。
（2）断开双 T 选频网络，调试 VT_1 的静态工作点，使 U_{C1} 为 6～7V。
（3）接入双 T 选频网络，用双踪示波器观察输出波形。若不起振，则调节 R_{P1}，使电路起振。
（4）测量电路的振荡频率，并与理论计算值比较。

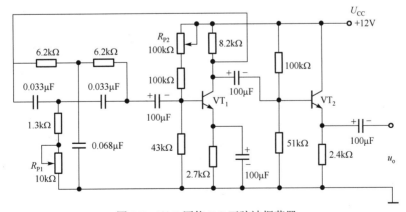

图 3-5　双 T 网络 RC 正弦波振荡器

3．RC 移相振荡器的组装与调试

（1）按图 3-6 连接电路。

（2）断开 RC 移相电路，调整放大器的静态工作点，测量放大器的电压放大倍数。

（3）接入 RC 移相电路，调节 R_{B2} 使电路起振，并使输出波形的幅度最大，用双踪示波器观测输出电压 u_o 的波形，同时用频率计和双踪示波器测量振荡频率，并与理论计算值比较。

R_{B2} 参数可自选，若时间不够可不做。

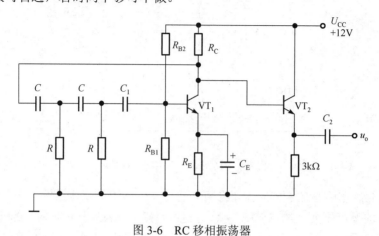

图 3-6　RC 移相振荡器

3.1.5　实验总结

1．由给定的电路参数计算振荡频率，并与测量值比较，分析误差产生的原因。
2．总结三类 RC 正弦波振荡器的特点。

3.1.6　预习要求

1．复习教材有关三种类型 RC 正弦波振荡器的结构与工作原理。
2．计算三种实验电路的振荡频率。
3．如何用双踪示波器来测量振荡电路的振荡频率？

3.2　LC 正弦波振荡电路

3.2.1　实验目的

1．掌握变压器反馈式 LC 正弦波振荡器的调整和测试方法。
2．研究电路参数对 LC 正弦波振荡器的起振条件及输出波形的影响。

3.2.2　实验原理

LC 正弦波振荡器是用 L、C 元件组成选频网络的振荡器，一般用来产生 1MHz 以上的高频正弦信号。根据 LC 调谐回路连接方式的不同，LC 正弦波振荡器又可分为变压器反馈式（或称互感耦合式）、电感三点式和电容三点式三种。图 3-7 所示为变压器反馈式 LC 正弦波振荡器的实验电路。其中晶体三极管 VT₁ 组成共射放大电路，变压器 Tr 的原绕组 L₁（振荡线圈）与电容 C 组成调谐回路，它既作为放大器的负载，又起选频作用，副绕组 L_2 为反馈线圈，L_3 为输出线圈。

该电路靠变压器原、副绕组同名端的正确连接（如图中所示），来满足自激振荡的相位条件，即满足正反馈条件。在实际调试中可以通过把振荡线圈 L_1 或反馈线圈 L_2 的首、末端对调，来改变反馈的极性。而振幅条件的满足，一是靠合理选择电路参数，使放大器建立合适的静态工作点，二是靠改变线圈 L_2 的匝数或它与 L_1 之间的耦合程度，以得到足够强的反馈量。稳幅作用是利用晶体管的非线性来实现的。由于 LC 并联谐振回路具有良好的选频作用，因此一般输出电压的波形失真不大。

振荡器的振荡频率由 LC 并联谐振回路的电感和电容决定

$$f_0 = \frac{1}{2\pi LC}$$

式中，L 为 LC 并联谐振回路的等效电感（考虑其他绕组的影响）。

振荡器的输出端增加一级射极跟随器，用以提高电路的带负载能力。

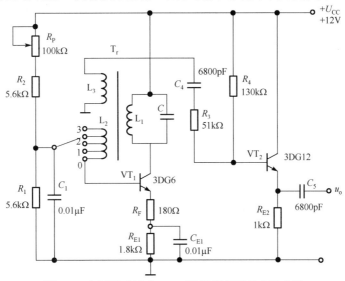

图 3-7 变压器反馈式 LC 正弦波振荡器的实验电路

3.2.3 实验设备与元器件

1．+12V 直流电源

2．双踪示波器

3．交流毫伏表

4．直流电压表

5．频率计

6．振荡线圈

7．3DG6×1（或 9011×1）、3DG12×1（或 9013×1）

8．电阻、电容若干

3.2.4 实验内容

按图 3-7 连接实验电路。电位器 R_P 置最大位置,振荡电路的输出端接双踪示波器。

1. 静态工作点的调整

(1)接通+12V 直流电源,调节电位器 R_P 使输出端得到不失真的正弦波形,如不起振,可改变 L_2 的首、末端位置,使之起振。

测量两管的静态工作点及正弦波的有效值 U_o,记入表 3-1。

(2)把 R_P 调小,观察输出波形的变化,测量有关数据,记入表 3-1。

(3)调大 R_P,使振荡波形刚刚消失,测量有关数据,记入表 3-1。

表 3-1 静态工作点测量记录表

		U_B / V	U_E / V	U_C / V	I_C / mA	U_o / V	U_o 波形
R_P 居中	VT$_1$						
	VT$_2$						
R_P 调小	VT$_1$						
	VT$_2$						
R_P 调大	VT$_1$						
	VT$_2$						

根据以上三组数据,分析静态工作点对电路起振、输出波形幅度和失真的影响。

观察反馈量大小对输出波形的影响。置反馈线圈 L_2 于位置"0"(无反馈)、"1"(反馈量不足)、"2"(反馈量合适)、"3"(反馈量过大)时,测量相应的输出电压波形,记入表 3-2。

表 3-2 输出电压波形

线圈 L_2 位置	"0"	"1"	"2"	"3"
U_o 波形				

2. 验证相位条件

改变线圈 L_2 的首、末端位置,观察停振现象;

恢复线圈 L_2 的正反馈接法,改变线圈 L_1 的首、末端位置,观察停振现象。

3. 测量振荡频率

调节 R_P 使电路正常起振,同时用双踪示波器和频率计测量以下两种情况下的振荡频率,并记入表 3-3:

（1）谐振回路电容 C=1000pF；

（2）谐振回路电容 C=100pF。

表 3-3　振荡频率测量值记录表

C / pF	1000	100
f / kHz		

4．观察谐振回路 Q 值对电路工作的影响

谐振回路两端并入 R=5.1kΩ 的电阻，观察 R 并入前、后振荡波形的变化情况。

3.2.5　实验总结

1．整理实验数据，并分析讨论：（1）LC 正弦波振荡器的相位条件和幅值条件；（2）电路参数对 LC 正弦波振荡器的起振条件及输出波形的影响。

2．讨论实验中发现的问题及解决办法。

3.2.6　预习要求

1．LC 正弦波振荡器是如何进行稳幅的？在不影响起振的条件下，晶体管的集电极电流是大一些好，还是小一些好？

2．为什么可以用测量停振和起振两种情况下晶体管的 U_{BE} 变化，来判断振荡器是否起振？

第4章　集成函数信号发生器芯片的应用与调试

4.1.1　实验目的

1. 了解单片集成函数信号发生器芯片的电路及调试方法。
2. 进一步掌握波形参数的测试方法。

4.1.2　实验原理

1. XR-2206 芯片是单片集成函数信号发生器芯片，用它可产生正弦波、三角波和方波。XR-2206 的内部电路框图如图 4-1 所示，它由压控振荡器（VCO）、电流开关、缓冲放大器与正弦和复杂波形形成器四部分组成。三种输出信号的频率由压控振荡器的振荡频率决定，而压控振荡器的振荡频率 f 则由接于 5、6 脚之间的振荡电容 C 与接在 7 脚的振荡电阻 R 决定，即 $f=1/(RC)$，f 的范围为 0.1Hz～1MHz（正弦波），一般用 C 确定频段，再调节 R 值来选择该频段内的频率值。

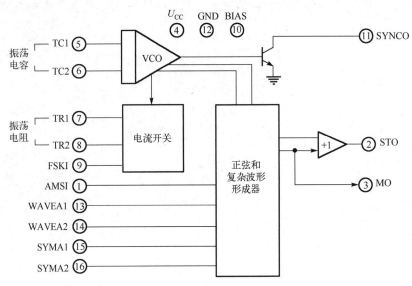

图 4-1　XR-2206 的内部电路框图

2. XR-2206 芯片各引脚的功能如下。

1 脚：幅度调整信号输入，通常接地或负电源。

2 脚：正弦波和三角波输出端，常态时输出正弦波；若将 13 脚悬空，则输出三角波。

3 脚：对输出波形的幅值调节。

4 脚：正电源 U_{CC}（+12V）。

5 脚、6 脚：接振荡电容 C。

　　7 脚~9 脚：7、8 两脚均可接振荡电阻 R，根据 9 脚的电平高低经电流开关来决定哪个起作用，本实验只用 7 脚，8、9 两脚不用（应悬空）。

　　10 脚：内部参比电压。

　　11 脚：方波输出，必须外接上拉电阻。

　　12 脚：接地或负电源（−12V）。

　　13 脚、14 脚：调节正弦波的波形失真，需输出三角波时，13 脚应悬空。

　　15 脚、16 脚：直流电平调节。

　　实验电路图如图 4-2 所示。

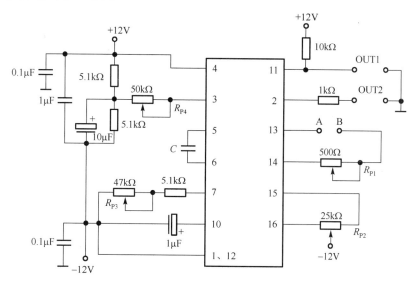

图 4-2　实验电路图

4.1.3　实验设备与元器件

　　1．±12V 直流电源

　　2．双踪示波器

　　3．频率计

　　4．直流电压表

　　5．XR-2206 芯片

　　6．电位器、电阻、电容若干

4.1.4　实验内容

　　1．按图 4-2 接线，C 取 0.1μF，短接 A、B 两点，R_{P1}~R_{P4} 均调至中间值附近。

　　2．接通电源后，用双踪示波器观察 OUT2 的波形。

　　3．依次调节 R_{P1}~R_{P4}（每次只调节一个），观察并记录输出波形随该电位器的调节方向而变化的规律，然后将该电位器调至输出波形最佳处（R_{P3} 和 R_{P4} 可调至中间值附近）。

　　4．断开 A、B 间的连线，观察 OUT1 的波形，参照第 3 步观察 R_{P3} 和 R_{P4} 的作用。用双踪示波器观察 OUT1 的波形，应为方波。分别调节 R_{P3} 和 R_{P4}，其频率和幅值应随之改变。

5．C 另取一值（如 0.047μF 或 0.47μF 等），重复第 1～4 步。

4.1.5　实验总结

根据实验过程中观察和记录的现象，总结集成函数信号发生器 XR-2206 电路的调试方法。

第5章　低频功率放大电路实验

5.1　OTL 低频功率放大电路

5.1.1　实验目的

1．进一步理解 OTL 低频功率放大器的工作原理。
2．学会 OTL 低频功率放大器的调试及主要性能指标的测试方法。

5.1.2　实验原理

图 5-1 所示为 OTL 低频功率放大器。其中由晶体三极管 VT_1 组成推动级（也称前置放大级），VT_2 和 VT_3 是一对参数对称的 NPN 和 PNP 型晶体三极管，它们组成互补推挽 OTL 功放电路。由于每个管子都接成射极输出器的形式，因此具有输出电阻低、负载能力强等优点，适合作功率输出级。VT_1 工作于甲类状态，它的集电极电流由电位器 R_{P1} 进行调节。I_{C1} 的一部分流经电位器 R_{P2} 及二极管 VD，给 VT_3、VT_2 提供偏压。调节 R_{P2} 可以使 VT_2、VT_3 得到合适的静态电流而工作于甲、乙类状态，以克服交越失真。静态时要求输出端中点 A 的电位 $U_A = \frac{1}{2}U_{CC}$，可以通过调节 R_{P1} 来实现，又由于 R_{P1} 的一端接在 A 点，因此在电路中引入交、直流电压并联负反馈，能够稳定放大器的静态工作点，同时改善了非线性失真。

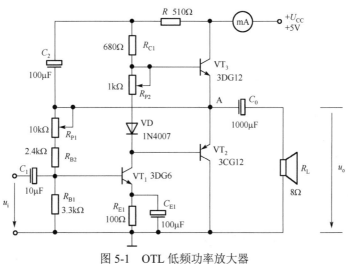

图 5-1　OTL 低频功率放大器

当输入正弦交流信号时，经 VT_1 放大、倒相后同时作用于 VT_2、VT_3 的基极，u_i 的负半周使 VT_2 导通（VT_3 截止），有电流通过负载 R_L，同时向电容 C_0 充电，在 u_i 的正半周 VT_3

导通（VT_2截止），则已充好电的电容 C_0 起着电源的作用，通过负载 R_L 放电，这样在 R_L 上就得到了完整的正弦波。

C_2 和 R 构成自举电路，用于提高输出电压正半周的幅度，以得到大的动态范围。

OTL 低频功率放大器的主要性能指标如下。

1. 最大不失真输出功率 P_{om}

理想情况下，有

$$P_{om} = \frac{1}{8} \frac{U_{CC}^2}{R_L}$$

在实验中可通过测量 R_L 两端的电压有效值，来求得实际的 $P_{om} = \frac{U_o^2}{R_L}$，其中，$U_o$ 是 R_L 两端的电压有效值。

2. 效率 η

$$\eta = \frac{P_{om}}{P_E} \times 100\%$$

式中，P_E 为直流电源供给的平均功率。

理想情况下，$\eta_{max} = 78.5\%$。在实验中，可测量电源供给的平均电流 I_{dC}，从而求得 $P_E = U_{CC} I_{dC}$，在输入为正弦信号且输出不失真的条件下，输出功率就是交流功率 $P_o = I_o U_o$，I_o 和 U_o 均为交流有效值。而最大不失真输出功率 P_{om} 是在电路参数确定的情况下负载获得的最大交流功率。

3. 频率响应

详见第 1 章 1.1 节"晶体管共射极单管放大电路"实验有关部分内容。

4. 输入灵敏度

输入灵敏度是指输出最大不失真输出功率 P_{om} 时，输入信号 U_i 的值。

5.1.3　实验设备与元器件

1. +5V 直流电源
2. 交流电压表
3. 函数信号发生器
4. 直流毫安表
5. 双踪示波器
6. 频率计
7. 直流电压表
8. 8Ω扬声器，电阻、电容若干
9. 3DG6（9011）、3DG12（9013 或 8050）、3CG12（9012 或 8550）、1N4007

5.1.4　实验内容

在整个测试过程中，电路不应有自激现象。

1. 静态工作点的测试按图 5-1 连接实验电路，将输入信号旋钮旋至零（$u_i = 0$），在电源进线中串入直流毫安表，电位器 R_{P2} 置最小值，R_{P1} 置中间位置。接通+5V 直流电源，观察直流毫安表的指示，同时用手触摸输出级管子，若电流过大或管子温升显著，则应立即断开电源并检查原因（如 R_{P2} 开路、电路自激或输出管性能不好等）。如无异常现象，则可开始调试。

（1）调节输出端中点电位 U_A。

调节电位器 R_{P1}，用直流电压表测量 A 点电位，使 $U_A = \frac{1}{2} U_{CC}$。

（2）调整输出级静态电流及测试各级静态工作点。

调节 R_{P2}，使 VT$_2$、VT$_3$ 的 $I_{C2} = I_{C3} = 5\sim10$mA。从减小交越失真的角度而言，应适当加大输出级静态电流，但该电流过大会使效率降低，所以一般以 5～10mA 为宜。由于直流毫安表串在电源进线中，因此测得的是整个放大器的电流，但一般 VT$_1$ 的集电极电流 I_{C1} 较小，从而可以把测得的总电流近似当作末级的静态电流。如要准确得到末级的静态电流，则可从总电流中减去 I_{C1}。

调整输出级静态电流的另一种方法是动态调试法。先使 $R_{P2} = 0$，在输入端接入 $f = 1$kHz 的正弦信号 u_i。逐渐增大输入信号的幅值，此时输出波形应出现较严重的交越失真（注意：没有饱和失真与截止失真），然后缓慢增大 R_{P2}，当交越失真刚好消失时，停止调节 R_{P2}，恢复 $u_i = 0$，此时直流毫安表的读数即为输出级静态电流。一般数值也应为 5～10mA，如过大，则要检查电路。

输出级静态电流调好以后，测量各级静态工作点，记入表 5-1。

表 5-1　各级静态工作点测量值记录表

	VT$_1$	VT$_2$	VT$_3$
U_B / V			
U_C / V			
U_E / V			

注意：
① 在调整 R_{P2} 时，要注意旋转方向，不要调得过大，更不能开路，以免损坏输出管。
② 输出级静态电流调好后，如无特殊情况，不得随意变动 R_{P2} 的位置。

2. 最大不失真输出功率 P_{om} 和效率 η 的测试

（1）测量 P_{om}。

输入端接 $f = 1$kHz 的正弦信号 u_i，在输出端用双踪示波器观察输出电压 u_o 的波形。逐渐增大 u_i，使输出电压达到最大不失真输出，用交流电压表测出负载 R_L 上的电压 U_{om}，则 $P_{om} = \frac{U_{om}^2}{R_L}$。

（2）测量 η。

当输出电压为最大不失真输出电压时，读出直流毫安表中的电流值，此电流即为直流电源供给的平均电流 I_{dC}（有一定误差），由此可近似求得 $P_E = U_{CC}I_{dC}$，再根据上面测得的 P_{om}，即可求出 $\eta = \dfrac{P_{om}}{P_E} \times 100\%$。

注：本实验的效率 η 在测试时能达到 20%以上即可。

3．输入灵敏度的测试

根据输入灵敏度的定义，只要测出输出功率 $P_o = P_{om}$ 时的输入电压 U_i 即可。

4．频率响应的测试

测试方法同第 1 章 1.1 节，记入表 5-2。

在测试时，为保证电路的安全，应在较低电压下进行，通常取输入信号为输入灵敏度的 50%。在整个测试过程中，应保持 U_i 为恒定值，且输出波形不得失真。

表 5-2　频率响应测量值记录表

	f_1	f_0	f_H
f / Hz			
U_o / V			
A_u			

5．研究自举电路的作用

（1）测量自举电路当 $P_o = P_{omax}$ 时的电压增益 $A_u = \dfrac{U_{om}}{U_i}$。

（2）将 C_2 开路、R 短路（无自举），再测量 $P_o = P_{omax}$ 时的 A_u。

用双踪示波器观察（1）、（2）两种情况下的输出电压波形，并将以上两项测量结果进行比较，分析和研究自举电路的作用。

6．噪声电压的测试

测量时将输入端短路（$u_i=0$），观察输出端噪声波形，并用交流电压表测量输出电压，即为噪声电压 U_N，本电路中若 $U_N < 15\text{mV}$，则满足要求。

7．试听

将输入信号改为录音机输出，输出端接试听音箱及双踪示波器。开机试听，并观察语言和音乐信号的输出波形。

5.1.5　实验总结

1．整理实验数据，计算静态工作点、最大不失真输出功率 P_{om}、效率 η 等，并与理论计算值进行比较，画出频率响应曲线。

2．分析效率 η 较低的原因，讨论提高效率 η 的方法。

3．分析自举电路的作用。

4．讨论实验中发生的问题及解决办法。

5.1.6　预习要求

1. 复习有关 OTL 低频功率放大器的工作原理部分内容。
2. 为什么引入自举电路能够扩大输出电压的动态范围？
3. 产生交越失真的原因是什么？如何克服交越失真？
4. 如果电路中的电位器 R_{P2} 开路或短路，对电路工作有何影响？
5. 为了不损坏输出管，调试中应注意什么问题？
6. 如果电路有自激现象，应如何消除？

5.2　集成功率放大电路

5.2.1　实验目的

1. 了解集成功放块的应用。
2. 学习集成功率放大器的基本性能指标的测试。

5.2.2　实验原理

集成功率放大器由集成功放块和一些外部阻容元件构成。它具有电路简单、性能优越、工作可靠、调试方便等优点，已经成为在音频领域中应用十分广泛的功率放大器。

电路中最主要的组件为集成功放块，它的内部电路与一般分立元件功率放大器不同，通常包括前置级、推动级和功率级等几部分，有些还具有一些特殊功能（消除噪声、短路保护等）的电路。其电压增益较高（不加负反馈时电压增益达 70～80dB，加典型负反馈时电压增益在 40dB 以上）。

集成功放块的种类有很多。本实验采用的集成功放块的型号为 LA4112，它的内部电路如图 5-2 所示，由二级电压放大、一级功率放大及偏置、恒流、反馈、退耦电路组成。

1．电压放大级

第一级选用由 VT_1、VT_2 组成的差动放大器，这种直接耦合的放大器的零漂较小，第二级的 VT_3 完成直接耦合电路中的电平移动，VT_4 是 VT_3 的恒流源负载，以获得较大的增益；第三级由 VT_6 等组成，此级的增益最高，为防止出现自激振荡，需在该管的基极、集电极之间外接消振电容。

2．功率放大级

由 VT_8～VT_{13} 等组成复合互补推挽电路，为提高输出级增益和正向输出幅度，需外接自举电容。

3．偏置电路

偏置电路为建立各级合适的静态工作点而设立。除上述主要部分外，为了使电路工作正常，还需要和外部元件一起构成反馈电路来稳定与控制增益。同时，还设有退耦电路来消除各级间的不良影响。

　　LA4112 集成功放块是一种塑料封装 14 脚的双列直插器件。LA4112 的外形及引脚图如图 5-3 所示，表 5-3、表 5-4 是它的极限参数和电参数。

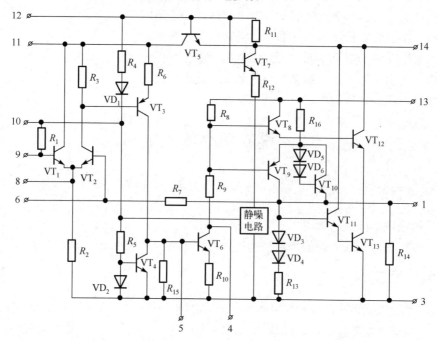

图 5-2　LA4112 的内部电路

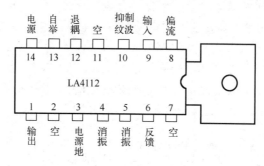

图 5-3　LA4112 的外形及引脚图

　　与 LA4112 集成功放块技术指标相同的国内外产品还有 FD403、FY4112、D4112 等，可以互相替代使用。

表 5-3　LA4112 的极限参数

参　　　数	符号与单位	额 定 值
最大电源电压	U_{CCmax} / V	13（有信号时）
允许功耗	P_o / W	1.2
		2.25（50mm×50mm 铜箔散热片）
工作温度	T_{Opr} / ℃	−20～+70

表 5-4　LA4112 的电参数

参　　数	符号与单位	测试条件	典 型 值
工作电压	U_{CC} / V	—	9
静态电流	I_{CCQ} / mA	U_{CC} =9V	15
开环电压增益	A_{uO} / dB	—	70
输出功率	P_o / W	R_L =4Ω，f =1kHz	1.7
输入阻抗	R_i / kΩ	—	20

LA4112 的应用电路如图 5-4 所示，该电路中各电容和电阻的作用简要说明如下。

C_1、C_9——输入、输出耦合电容，起隔交作用。

C_2 和 R_F——反馈元件，决定电路的闭环增益。

C_3、C_4、C_8——滤波、退耦电容。

C_5、C_6、C_{10}——消振电容，消除寄生振荡。

C_7——自举电容，若无此电容，则将出现输出波形半边被削波的现象。

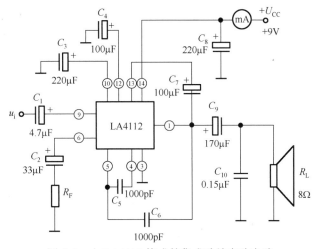

图 5-4　由 LA4112 构成的集成功放实验电路

5.2.3　实验设备与元器件

1．+9V 直流电源

2．函数信号发生器

3．双踪示波器

4．交流毫伏表

5．直流电压表

6．直流毫安表

7．频率计

8．集成功放块 LA4112

9．8Ω扬声器，电阻、电容若干

5.2.4　实验内容

按图 5-4 连接实验电路，输入端接函数信号发生器，输出端接扬声器。

1．静态测试

将输入信号旋钮旋至零，接通+9V 直流电源，测量静态总电流及集成块各引脚对地电压，记入自拟表格中。

2．动态测试

（1）最大输出功率。

① 接入自举电容 C_7。

输入端接频率为 1kHz 的正弦信号，在输出端用双踪示波器观察输出电压波形，逐渐增大输入信号的幅度，使输出电压为最大不失真输出电压，用交流毫伏表测量此时的输出电压 U_{om}，则最大输出功率

$$P_{om} = \frac{U_{om}^2}{R_L}$$

② 断开自举电容 C_7。

断开自举电容 C_7，观察输出电压波形的变化情况。

（2）输入灵敏度。

要求 $U_i < 100\text{mV}$，测试方法同 5.1 节 OTL 低频功率放大电路实验。

（3）频率响应。

测试方法同 5.1 节 OTL 低频功率放大电路实验。

（4）噪声电压。

要求 $U_N < 2.5\text{mV}$，测试方法同 5.1 节 OTL 低频功率放大电路实验。

3．试听

播放声音并试听。

5.2.5　实验总结

1．整理实验数据，并进行分析。
2．画出频率响应曲线。
3．讨论实验中发生的问题及解决办法。

5.2.6　预习要求

1．复习有关集成功率放大器的部分内容。
2．若将电容 C_7 除去，则将会出现什么现象？
3．若在无输入信号时，从接在输出端的双踪示波器上观察到频率较高的波形，是否正常？如何消除？

4．如何由+12V 直流电源获得+9V 直流电源?

5．进行本实验时，应注意以下几点:

（1）电源电压不允许超过极限值，不允许极性接反，否则集成功放块将被损坏;

（2）电路工作时应绝对避免负载短路，否则将烧毁集成功放块;

（3）接通电源后，时刻注意集成功放块的温度，有时未加输入信号集成功放块就发热过甚，同时直流毫安表指示出电流较大及双踪示波器显示出幅度较大，若出现频率较高的波形，则说明电路有自激现象，应立刻关机，然后进行故障分析和处理，待自激振荡消除后，才能重新进行实验;

（4）输入信号不要过大。

第6章 直流稳压电源实验

6.1 串联型晶体管稳压电源

6.1.1 实验目的

1. 研究单相桥式整流、电容滤波电路的特性。
2. 掌握串联型晶体管稳压电源的主要性能指标的测试方法。

6.1.2 实验原理

电子设备一般都需要直流电源供电。这些直流电源除少数可直接利用干电池和直流发电机外，大多数是采用把交流电（市电）转换为直流电的直流稳压电源。

直流稳压电源由电源变压器、整流电路、滤波电路和稳压电路四部分组成，其原理框图如图 6-1 所示。电网供给的交流电压 u_1（220V，50Hz）经电源变压器降压后，得到符合电路要求的交流电压 u_2，然后由整流电路转换成方向不变、大小随时间变化的脉动电压 u_3，再用滤波电路滤去其交流分量，就可得到比较平直的直流电压 u_i。但这样的直流电压还会随交流电网电压的波动或负载的变动而变化，在对直流供电要求较高的场合，还需要使用稳压电路，以保证直流输出电压 u_o 更加稳定。

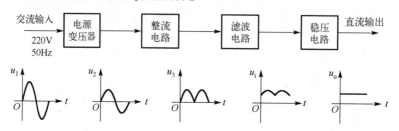

图 6-1　直流稳压电源的原理框图

图 6-2 是由分立元器件组成的串联型晶体管稳压电源的电路图。其整流部分为单相桥式整流、电容滤波电路。稳压部分为串联型稳压电路，它由调整器（晶体管 VT_1），比较放大器 VT_2、R_7，取样电路 R_1、R_2、R_p，基准电压电路 VD_Z、R_3 和过流保护电路 VT_3 及电阻 R_4、R_5、R_6 等组成。整个稳压电路是一个具有电压串联负反馈的闭环系统，其稳压过程为：当电网电压波动或负载变动引起直流输出电压发生变化时，取样电路取出输出电压的一部分并送入比较放大器，并与基准电压进行比较，产生的误差信号经 VT_2 放大后送至调整管 VT_1 的基极，使调整管改变其管压降，以补偿输出电压的变化，从而达到稳定输出电压的目的。

由于在稳压电路中调整管与负载串联，因此流过它的电流与负载电流相同。当输出电流过大或发生短路时，调整管会因电流过大或电压过高而损坏，所以需要对调整管进行保护。在图 6-2 所示的电路中，晶体管 VT_3、R_4、R_5、R_6 组成减流型保护电路。此电路设计在 $I_{OP} = 1.2I_0$（I_{OP} 表示正常电流，I_0 表示静态输出电流）时开始起保护作用，此时输出电流减小，输出电压降低，故障排除后电路应能自动恢复正常工作。在调试时，若保护作用提前，应减小 R_6 值；若保护作用延后，则应增大 R_6 值。

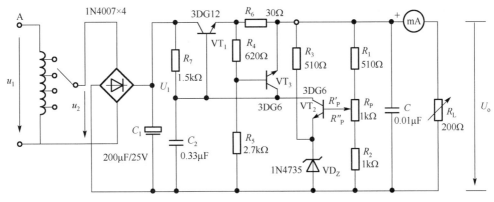

图 6-2　串联型晶体管稳压电源的电路图

串联型晶体管稳压电源的主要性能指标如下。

1. 输出电压 U_o 和输出电压调节范围

$$U_o = \frac{R_1 + R_P + R_2}{R_2 + R_P''}(U_Z + U_{BE2})$$

通过调节 R_P 可以改变输出电压 U_o。

2. 最大负载电流 I_{om}

最大负载电流是稳压电源正常工作时能输出的最大电流。通过调节 R_L 可以改变 R_o，从而得到最大负载电流。

3. 输出电阻 R_o

输出电阻 R_o 定义为：当输入电压 U_i（指稳压电路的输入电压）保持不变时，由于负载变化而引起的输出电压变化量与输出电流变化量之比，即

$$R_o = \frac{\Delta U_o}{\Delta I_o}\bigg|_{U_i = 常数}$$

4. 稳压系数 S（电压调整率）

稳压系数 S 定义为：当负载 R_L 保持不变时，输出电压相对变化量与输入电压相对变化量之比，即

$$S = \frac{\Delta U_o / U_o}{\Delta U_i / U_i}\bigg|_{R_L = 常数} \times 100\%$$

由于工程上常把电网电压波动±10%作为极限条件，因此也有将此时输出电压的相对变化量 $\Delta U_{\mathrm{o}}/U_{\mathrm{o}}$ 作为衡量指标，称为电压调整率。

5. 输出纹波电压

输出纹波电压是指在额定负载条件下，输出电压中所含交流分量的有效值（或峰值）。

6.1.3　实验设备与元器件

1. 可调工频电源
2. 双踪示波器
3. 交流毫伏表
4. 直流电压表
5. 直流毫安表
6. 滑线变阻器 200Ω/1A
7. 3DG6×2（9011×2）、3DG12×1（9013×1）、1N4007×4、1N4735×1
8. 电阻、电容若干

6.1.4　实验内容

1. 整流滤波电路的测试

按图 6-3 连接实验电路。取可调工频电源电压 14V 作为整流电路的输入电压 u_2。

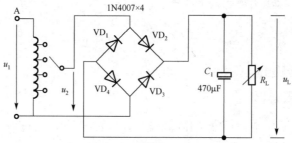

图 6-3　整流滤波电路

（1）取 R_{L}=240Ω，不加滤波电容，测量交流输出电压 U_{L} 及纹波电压 $\tilde{U}_{\mathrm{L}}$，并用双踪示波器观察 u_2 和 u_{L} 波形，记入表 6-1。

（2）取 R_{L}=240Ω，C=470μF，重复（1）的要求，记入表 6-1。

（3）取 R_{L}=120Ω，C=470μF，重复（1）的要求，记入表 6-1。

表 6-1　整流滤波电路测量值记录表

电路形式	U_{L}/V	u_2 波形	u_{L} 波形
R_{L}=240Ω			

续表

电路形式	U_L/V	u_2 波形	u_L 波形
$R_L=240\Omega$ $C=470\mu F$			
$R_L=120\Omega$ $C=470\mu F$			

注意:

① 每次改接电路时,必须切断可调工频电源。

② 在观察输出电压波形的过程中,"Y 轴灵敏度"旋钮位置调好以后不要再变动,否则将无法比较各波形的波动情况。

2. 串联型晶体管稳压电源的性能测试

切断可调工频电源,在图 6-3 所示电路的基础上按图 6-2 连接实验电路。

(1)初测。

稳压器输出端负载开路,断开过流保护电路,接通 14V 可调工频电源,测量整流电路输入电压 u_2、滤波电路输出电压 U_1(稳压器输入电压)及输出电压 U_o。调节电位器 R_P,观察 U_o 的大小和变化情况,如果 U_o 能跟随 R_P 线性变化,则说明稳压电路的各反馈环路基本工作正常。否则,则说明稳压电路有故障,因为稳压器是一个深负反馈的闭环系统,只要环路中的任一环节出现故障(某管截止或饱和),稳压器就会失去自动调节作用。此时可分别检查基准电压 U_Z、输入电压 U_i、输出电压 U_o,以及比较放大器和调整管各电极的电位(主要是 U_{BE} 和 U_{CE}),分析它们是否都处在线性区,从而找出不能正常工作的原因。排除故障以后就可以进行下一步测试。

(2)测量输出电压可调范围。

接入负载 R_L(滑线变阻器),并调节 R_L,使输出电流 $I_o \approx 100mA$。再调节电位器 R_P,测量输出电压可调范围为 $U_{omin} \sim U_{omax}$,且使 R_P 动点在中间位置附近时 $U_o=12V$。若不满足要求,可适当调整 R_1、R_2 值。

(3)测量各级静态工作点。

调节输出电压 $U_o=12V$,输出电流 $I_o=100mA$,测量各级静态工作点,记入表 6-2。

(4)测量稳压系数 S。

取 $I_o=100mA$,按表 6-3 改变整流电路的输入电压 u_2(模拟电网电压波动),分别测出相应的稳压器输入电压及输出交流电压 U_o,记入表 6-3。

表 6-2　各级静态工作点

	VT$_1$	VT$_2$	VT$_3$
U_B / V			
U_C / V			
U_E / V			

表 6-3　测量稳压系数记录表

测　量　值			计　算　值
u_2 / V	U_i / V	U_o / V	S
14			$S_{12} =$
16			$S_{23} =$
18			

（5）测量输出电阻 R_o。

取 u_2=14V，改变滑线变阻器的位置，分别使 I_o 为空载、50mA 和 100mA，测量相应的 U_o 值，记入表 6-4。

表 6-4　输出电阻测量值记录表

测　量　值		计　算　值
I_o / mA	U_o / V	R_o / Ω
空载		$R_{o12} =$
50		$R_{o23} =$
100		

（6）测量输出纹波电压。

取 u_2=14V，U_o=12V，I_o=100mA，测量输出纹波电压 $\tilde{U}_o$ 并记录。

（7）调整过流保护电路。

① 断开可调工频电源，接上过流保护电路，再接通可调工频电源，调节 R_P 及 R_L，使 U_o =12V，I_o =100mA，此时过流保护电路应不起作用，测出 VT$_3$ 各电极的电位。

② 逐渐减小 R_L，使 I_o 增大到 120mA，观察 U_o 是否下降，并测出过流保护电路起作用时 VT$_3$ 各电极的电位。若保护作用过早或延后，则可通过改变 R_6 值进行调整。

③ 用导线瞬时短接一下输出端，测量 U_o 值，然后去掉导线，检查电路是否能自动恢复正常工作。

6.1.5　实验总结

1．对表 6-1 所测结果进行全面分析，总结单相桥式整流、电容滤波电路的特点。

2．根据表 6-3 和表 6-4 的数据，计算稳压电路的稳压系数 S 和输出电阻 R_o，并进行分析。

3．分析和讨论实验中出现的故障及其排除方法。

6.1.6　预习要求

1. 复习教材中有关分立元件稳压电源部分内容，并根据实验电路参数估算 U_o 的可调范围及 U_o=12V 时 VT_1、VT_2 的静态工作点（假设调整管的饱和压降 $U_{CE1S} \approx 1V$）。
2. 说明图 6-2 中 u_2、u_1、U_o 及 $\tilde{U}_o$ 的物理意义，并从实验仪器中选择合适的测量仪表。
3. 在单相桥式整流电路实验中，能否用双踪示波器同时观察 u_2 和 u_L 波形？为什么？
4. 在单相桥式整流电路中，如果某个二极管发生开路、短路或反接三种情况，将会出现什么问题？
5. 为了使稳压电源的输出电压 U_o=12V，其输入电压的最小值 U_{1min} 应等于多少？交流输入电压 U_{2min} 如何确定？
6. 当稳压电源输出不正常或输出电压 U_o 不随电位器 R_P 而变化时，应如何进行检查并找出故障所在？
7. 分析过流保护电路的工作原理。
8. 如何提高稳压电源的性能指标（减小 S 和 R_o）？

6.2　集成稳压电路

6.2.1　实验目的

1. 研究集成稳压器的特点和性能指标的测试方法。
2. 了解扩展集成稳压器性能的方法。

6.2.2　实验原理

随着半导体工艺的发展，稳压电路也制成了集成器件。由于集成稳压器具有体积小、外接电路简单、使用方便、工作可靠和通用性强等优点，因此在各种电子设备中应用得十分普遍，基本上取代了由分立元器件构成的稳压电路。集成稳压器的种类很多，应根据设备对直流电源的要求进行选择。对于大多数电子仪器、设备和电子电路来说，通常选用串联线性集成稳压器。而在这种类型的器件中，又以三端式集成稳压器应用得最为广泛。

W7800、W7900 系列三端式集成稳压器的输出电压是固定的，在使用中不能进行调整。W7800 系列三端式集成稳压器输出正极性电压，一般有 5V、6V、9V、12V、15V、18V、24V 这 7 挡，输出电流最大可达 1.5A（加散热片）。同类型 78M 系列稳压器的输出电流为 0.5A，78L 系列稳压器的输出电流为 0.1A。若要求输出负极性电压，则可选用 W7900系列三端式集成稳压器。

1. 图 6-4 所示为 W7800 系列三端式集成稳压器的外形和接线图，它有三个引出端：输入端（不稳定电压输入端）标以 "1"；输出端（稳定电压输出端）标以 "3"；公共端标以 "2"。

除固定输出三端式集成稳压器外，还有可调式三端式集成稳压器，后者可通过外接元件对输出电压进行调整，以适应不同的需要。

本实验所用的集成稳压器为三端固定正稳压器 W7812，它的主要参数有：输出直流电

压 U_o=+12V，输出电流 0.1A（L）、0.5A（M），电压调整率 10mV/V，输出电阻 R_o=0.15Ω，输入电压 U_i 的范围为 15～17V。因为一般只有 U_i 比 U_o 大 3～5V，才能保证集成稳压器工作在线性区。

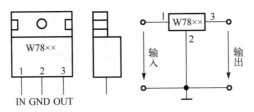

图 6-4　W7800 系列三端式集成稳压器的外形及接线图

2．图 6-5 所示为用三端式集成稳压器 W7812 构成的单电源电压输出串联型稳压电源的实验电路图。其中整流部分采用了由 4 个二极管组成的桥式整流器成品（又称桥堆），型号为 2W06（或 KBP306），内部接线和外部引脚引线如图 6-6 所示。滤波电容 C_1、C_2 一般选取几百到几千微法。当稳压器距离整流滤波电路比较远时，在输入端必须接入电容 C_3（数值为 0.33μF），以抵消电路的电感效应，防止产生自激振荡。输出端电容 C_4（0.1μF）用以滤除输出端的高频信号，改善电路的暂态响应。

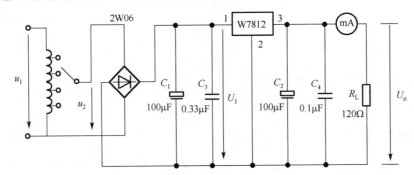

图 6-5　用 W7812 构成的单电源电压输出串联型稳压电源

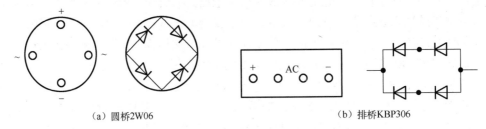

（a）圆桥2W06　　　　　　　　　　　　　（b）排桥KBP306

图 6-6　桥堆的内部接线和外部引脚引线

3．图 6-7 所示为正、负双电压输出电路，例如，需要 U_{o1}=+15V，U_{o2}=−15V，则可选用 W7815 和 W7915 三端式集成稳压器，这时的 U_1 应为单电压输出时的两倍。

当集成稳压器本身的输出电压或输出电流不能满足要求时，可通过外接电路来进行性能扩展。

4．图 6-8 是一种简单的输出电压扩展电路。如 W7812 稳压器的 3、2 端间的输出电压为 12V，因此只要适当选择 R 的值，就可使稳压管 VD_Z 工作在稳压区，则输出电压 $U_o=12+U_Z$，可以高于稳压器本身的输出电压。

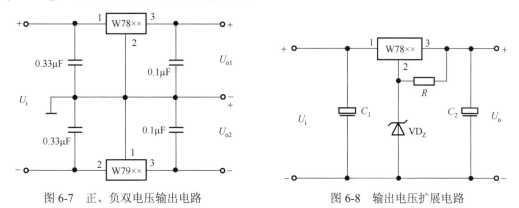

图 6-7　正、负双电压输出电路　　　　　　　　图 6-8　输出电压扩展电路

5. 图 6-9 是通过外接晶体管 VT 及电阻 R_1 来进行电流扩展的电路。电阻 R_1 的阻值由外接晶体管的发射结导通电压 U_{BE}、三端式集成稳压器的输入电流 I_i（近似等于三端式集成稳压器的输出电流 I_{o1}）和 VT 的基极电流 I_B 来决定，即

$$R_1 = \frac{U_{BE}}{I_R} = \frac{U_{BE}}{I_i - I_B} = \frac{U_{BE}}{I_{o1} - \dfrac{I_C}{\beta}}$$

式中，I_C 为晶体管 VT 的集电极电流，它应等于 $I_C = I_o - I_{o1}$；β 为 VT 的电流放大系数；对于锗管，U_{BE} 可按 0.3V 估算，对于硅管，U_{BE} 可按 0.7V 估算。

6. 图 6-10 所示为 W7900 系列三端式集成稳压器的外形及接线图。

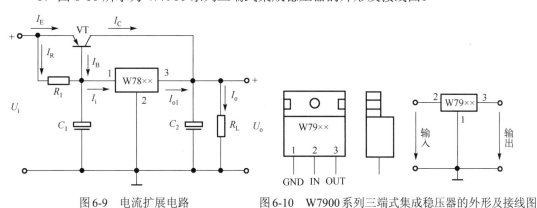

图 6-9　电流扩展电路　　　　　图 6-10　W7900 系列三端式集成稳压器的外形及接线图

7. 图 6-11 所示为可调输出正三端式集成稳压器 W317 的外形及接线图。

输出电压　　　　　　　　　　$$U_o \approx 1.25\left(1 + \frac{R_2}{R_1}\right)$$

最大输入电压 $U_{imax} = 40V$，输出电压范围为 $1.2 \sim 37V$。

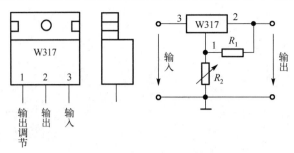

图 6-11　W317 的外形及接线图

6.2.3　实验设备与元器件

1. 可调工频电源
2. 双踪示波器
3. 交流毫伏表
4. 直流电压表
5. 直流毫安表
6. 三端稳压器 W7812、W7815、W7915
7. 桥堆 2W06（或 KBP306）
8. 电阻、电容若干

6.2.4　实验内容

1. 整流滤波电路的测试

按图 6-12 连接实验电路，取可调工频电源的 14V 电压作为整流滤波电路的输入电压 u_2，接通可调工频电源，测量输出端直流电压 U_L 及纹波电压 $\tilde{U}_o$，用双踪示波器观察 u_2、u_L 的波形，把数据及波形记入自拟的表格中。

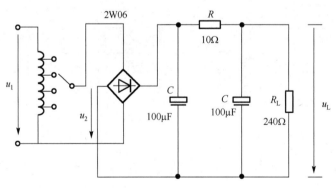

图 6-12　整流滤波电路

2. 集成稳压器的性能测试

断开可调工频电源，按图 6-5 改接实验电路，取负载电阻 $R_L = 120\Omega$。

（1）初测。

接通 14V 电压，测量 u_2 值；测量滤波电路输出电压 U_1（稳压器的输入电压）、集成稳压器的输出电压 U_o，它们的数值应与理论值大致符合，否则说明电路出了故障。设法寻找故障并加以排除。

电路经初测进入正常工作状态后，才能进行各项性能指标的测试。

（2）各项性能指标测试。

① 输出电压 U_o 和最大输出电流 I_{omax} 的测量

在输出端接负载电阻 $R_L=120\Omega$，由于集成稳压器 W7812 的输出电压 U_o=12V，因此流过 R_L 的最大输出电流 I_{omax}=100mA。这时 U_o 应基本保持不变，若变化较大，则说明集成块性能不良。

② 稳压系数 S 的测量

③ 输出电阻 R_o 的测量

④ 输出纹波电压的测量

注：②、③、④的测试方法同上节，把测量结果记入自拟的表格中。

（3）集成稳压器的性能扩展。

根据实验器材，选取图 6-7、图 6-8 或图 6-11 中的各元器件，并自拟测试方法与表格，记录实验结果。

6.2.5　实验总结

1. 整理实验数据，计算 S 和 R_o，并与器件手册上的典型值进行比较。

2. 分析和讨论实验中发生的现象和问题。

6.2.6　预习要求

1. 复习教材中有关集成稳压器部分的内容。

2. 列出实验内容中所要求的各种表格。

3. 在测量稳压系数 S 和内阻 R_o 时，应如何选择测试仪表？

第7章 晶闸管可控整流电路实验

7.1.1 实验目的

1. 学习单结晶体管和晶闸管的简易测试方法。
2. 熟悉单结晶体管触发电路（阻容移相桥触发电路）的工作原理及调试方法。
3. 熟悉用单结晶体管触发电路控制晶闸管调压电路的方法。

7.1.2 实验原理

可控整流电路的作用是把交流电转换为电压值可以调节的直流电。图 7-1 所示为单相半控桥式整流实验电路。主电路由负载 R_L（灯泡）和晶闸管 T_1 组成，触发电路是由单结晶体管 VT_2 及一些阻容元件构成的阻容移相桥触发电路。改变晶闸管 T_1 的导通角，便可调节主电路的可控输出整流电压（或电流）的数值，这一点可由灯泡负载的亮度变化看出。晶闸管导通角的大小取决于触发脉冲的频率 f，由公式

$$f = \frac{1}{RC} \ln\left(\frac{1}{1-\eta}\right)$$

可知，当单结晶体管的分压比 η（一般为 0.5～0.8）及电容 C 值固定时，则频率 f 由 R 决定，因此，通过调节电位器 R_P 可以改变触发脉冲的频率，主电路的输出电压也随之改变，从而达到可控调压的目的。

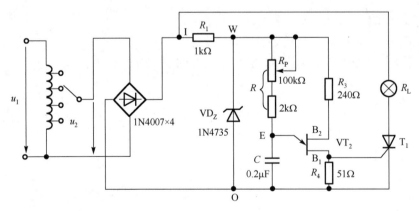

图 7-1 单相半控桥式整流实验电路

用万用电表的电阻挡（或用数字万用表的二极管挡）可以对单结晶体管和晶闸管进行简易测试。图 7-2 所示为单结晶体管 BT33 的引脚排列、结构图及电路符号。好的单结晶体管的 PN 结正向电阻 R_{EB1}、R_{EB2} 均较小，且 R_{EB1} 稍大于 R_{EB2}，PN 结的反向电阻 R_{B1E}、R_{B2E} 均应很大，根据所测阻值即可判断出各引脚及管子的质量优劣。

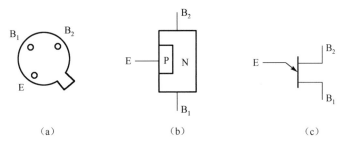

（a）　　　　　　　　（b）　　　　　　　　（c）

图 7-2　单结晶体管 BT33 的引脚排列、结构图及电路符号

图 7-3 所示为晶闸管 3CT3A 的引脚排列、结构图及电路符号。晶闸管阳极（A）-阴极（K）及阳极（A）-门极（G）之间的正、反向电阻 R_{AK}、R_{KA}、R_{AG}、R_{GA} 均应很大，而 G、K 之间为一个 PN 结，PN 结的正向电阻应较小，反向电阻应很大。

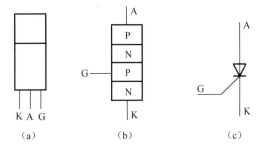

（a）　　　　　　　　（b）　　　　　　　　（c）

图 7-3　晶闸管 3CT3A 的引脚排列、结构图及电路符号

7.1.3　实验设备与元器件

1. ±5V、±12V 直流电源
2. 可调工频电源
3. 万用电表
4. 双踪示波器
5. 交流毫伏表
6. 直流电压表
7. 晶闸管 3CT3A
8. 单结晶体管 BT33
9. 二极管 1N4007×4
10. 稳压管 1N4735
11. 灯泡 12V/0.1A
12. 电位器，电阻、电容若干

7.1.4　实验内容

1. 单结晶体管的简易测试

用万用电表的 R×10Ω挡分别测量 EB1、EB2 间的正、反向电阻，记入表 7-1。

表 7-1　EB1、EB2 间正、反向电阻记录表

R_{EB1} / Ω	R_{EB2} / Ω	$R_{B1E} / k\Omega$	$R_{B2E} / k\Omega$	结论

2．晶闸管的简易测试

用万用电表的 R×1kΩ 挡分别测量 A-K、A-G 间的正、反向电阻；用 R×10Ω 挡测量 G-K 间的正、反向电阻，记入表 7-2。

表 7-2　G-K 间正、反向电阻记录表

$R_{AK} / k\Omega$	$R_{KA} / k\Omega$	$R_{AG} / k\Omega$	$R_{GA} / k\Omega$	$R_{GK} / k\Omega$	$R_{KG} / k\Omega$	结论

3．晶闸管导通，关断条件测试

断开±12V、±5V 直流电源，按图 7-4 连接实验电路。

（1）晶闸管阳极加 12V 正向电压，门极先开路，然后加 5V 正向电压，观察管子是否导通（导通时灯泡亮，关断时灯泡灭）。管子导通后去掉+5V 门极电压，反接门极电压（接–5V），观察管子是否继续导通。

（2）晶闸管导通后，①去掉+12V 阳极电压；②反接阳极电压（接–12V），观察管子是否关断，并记录。

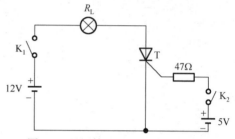

图 7-4　晶闸管导通、关断条件测试

4．晶闸管可控整流电路

按图 7-1 连接实验电路。取可调工频电源的 14V 电压作为整流电路的电压 u_2，电位器 R_P 置中间位置。

（1）单结晶体管触发电路。

① 断开主电路（把灯泡取下），接通可调工频电源，测量 u_2 值。用双踪示波器依次观察并记录交流电压 u_2、整流输出电压 u_1、削波电压 u_W、锯齿波电压 u_E、触发输出电压 u_{B1}。记录波形时，注意各波形间的对应关系，并标出电压幅度及时间，记入表 7-3。

② 改变电位器 R_P 的阻值，观察 u_E 波形的变化及 u_{B1} 的移相范围，记入表 7-3。

表 7-3　单结晶体管触发电路测量值记录表

u_2/V	u_1/V	u_W/V	u_E/V	u_{B1}/V	移相范围

（2）可控整流电路。

断开可调工频电源，接入负载灯泡 R_L，再接通可调工频电源，调节电位器 R_P，使灯泡由暗到较亮，再到最亮，用双踪示波器观察晶闸管两端电压 u_T 波形、负载两端电压 u_L 波形，并测量负载直流电压 U_L 及可调工频电源电压 u_2 的有效值 U_2，记入表 7-4。

表 7-4 可控整流电路测量值记录表

	暗	较亮	最亮
u_T/V			
u_L/V			
导通角 α			
U_L / V			
U_2 / V			

7.1.5 实验总结

1．总结晶闸管导通、关断的基本条件。

2．画出实验中记录的波形（注意各波形间的对应关系），并进行讨论。

3．对实验数据 U_L 与理论计算数据 $U_L = 0.9U_2\dfrac{1+\cos\alpha}{2}$ 进行比较，并分析产生误差的原因。

4．分析实验中出现的异常现象。

7.1.6 预习要求

1．复习晶闸管可控整流部分的内容。

2．可否用万用电表的 R×10kΩ挡测试管子？为什么？

3．为什么可控整流电路必须保证触发电路与主电路同步？本实验是如何实现同步的？

4．可以采取哪些措施改变触发信号的幅度和移相范围？

5．能否用双踪示波器同时观察 u_2 和 u_L 或 u_L 和 u_T 波形？为什么？

第8章 逻辑门电路实验

8.1 TTL 集成逻辑门的逻辑功能与参数测试

8.1.1 实验目的

1．掌握 TTL 集成与非门的逻辑功能和主要参数的测试方法。
2．掌握 TTL 器件的使用规则。
3．进一步熟悉数字电路实验装置的结构、基本功能和使用方法。

8.1.2 实验原理

本实验采用四输入双与非门 74LS20，即在一个集成块内含有两个互相独立的与非门，每个与非门都有 4 个输入端。其逻辑框图、逻辑符号及引脚排列如图 8-1（a）、（b）、（c）所示。

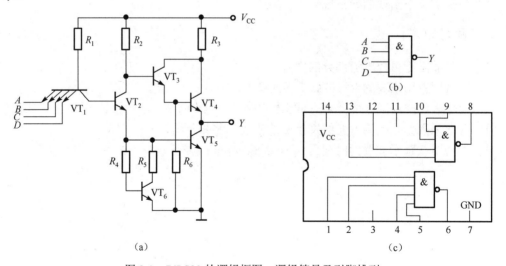

图 8-1 74LS20 的逻辑框图、逻辑符号及引脚排列

1．与非门的逻辑功能

与非门的逻辑功能是：当输入端中有一个或一个以上为低电平时，输出端为高电平；只有当输入端全部为高电平时，输出端才是低电平（有"0"得"1"，全"1"得"0"）
其逻辑表达式为

$$Y = \overline{AB\cdots}$$

2. TTL 与非门的主要参数

（1）低电平输出电源电流 I_{CCL} 和高电平输出电源电流 I_{CCH}。

与非门处于不同的工作状态时，电源提供的电流是不同的。I_{CCL} 是指所有输入端悬空、输出端空载时，电源提供给器件的电流。I_{CCH} 是指输出端空载，每个门各有一个以上的输入端接地，其余输入端悬空时，电源提供给器件的电流。通常 $I_{CCL} > I_{CCH}$，它们的大小标志着器件静态功耗的大小。器件的最大功耗为 $P_{CCL} = V_{CC}I_{CCL}$。电源电流和功耗值是指整个器件总的电源电流和总的功耗。I_{CCL} 和 I_{CCH} 测试电路如图 8-2（a）、（b）所示。

注意：TTL 电路对电源电压要求较严，电源电压 V_{CC} 只允许在 5V±10% 的范围内工作，超过 5.5V 将损坏器件，低于 4.5V 器件的逻辑功能将不正常。

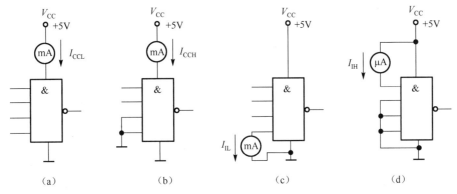

图 8-2　TTL 与非门静态参数测试电路图

（2）低电平输入电流 I_{IL} 和高电平输入电流 I_{IH}。

I_{IL} 是指被测输入端接地，其余输入端悬空，输出端空载时，由被测输入端流出的电流值。在多级门电路中，I_{IL} 相当于前级门输出低电平时后级门向前级门灌入的电流，因此它关系到前级门的灌电流负载能力，即直接影响前级门电路带负载的个数，因此希望 I_{IL} 小些。

I_{IH} 是指被测输入端接高电平，其余输入端接地，输出端空载时，流入被测输入端的电流值。在多级门电路中，它相当于前级门输出高电平时前级门的拉电流负载，其大小关系到前级门的拉电流负载能力，因此希望 I_{IH} 小些。由于 I_{IH} 较小，难以测量，一般免于测试。

I_{IL} 与 I_{IH} 的测试电路如图 8-2（c）、（d）所示。

（3）扇出系数 N_O。

扇出系数 N_O 是指门电路能驱动同类门的个数，它是衡量门电路负载能力的一个参数，TTL 与非门有两种不同性质的负载，即灌电流负载和拉电流负载，因此有两种扇出系数，即低电平扇出系数 N_{OL} 和高电平扇出系数 N_{OH}。通常 $I_{IH} < I_{IL}$，则 $N_{OH} > N_{OL}$，故常以 N_{OL} 作为门的扇出系数。

N_{OL} 的测试电路如图 8-3 所示，门的输入端全部悬空，输出端接灌电流负载 R_L，调节 R_L 使 I_{OL} 增大，V_{OL} 随之增高，当 V_{OL} 达到 V_{OLm}（器件手册中规定低电平规范值 0.4V）时的 I_{OL} 就是允许灌入的最大负载电流，则

$$N_{OL} = \frac{I_{OL}}{I_{IL}} \qquad 通常\ N_{OL} \geqslant 8$$

（4）电压传输特性。

门的输出电压 v_o 随输入电压 v_i 而变化的曲线 $v_o = f(v_i)$ 称为门的电压传输特性，通过它可获得门电路的一些重要参数，如输出高电平 V_{OH}、输出低电平 V_{OL}、关门电平 V_{OFF}、开门电平 V_{ON}、阈值电平 V_T 及抗干扰容限 V_{NL}、V_{NH} 等值。测试电路如图 8-4 所示，采用逐点测试法（调节 R_P），逐点测得 V_i 及 V_o，然后绘成曲线。

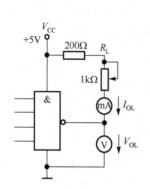

图 8-3 扇出系数 N_{OL} 测试电路

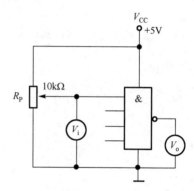

图 8-4 电压传输特性测试电路

（5）平均传输延迟时间 t_{Pd}。

t_{Pd} 是衡量门电路开关速度的参数，它是指输出波形对应边沿的 $0.5V_m$（V_m 是脉冲幅值）至输入波形对应边沿 $0.5V_m$ 的时间间隔，如图 8-5 所示。

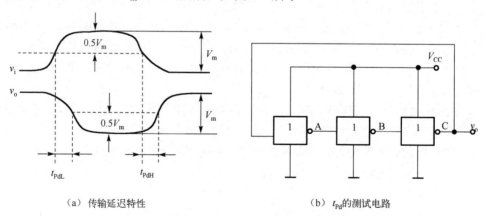

（a）传输延迟特性

（b）t_{Pd} 的测试电路

图 8-5 传输延迟特性

图 8-5（a）中的 t_{PdL} 为导通延迟时间，t_{PdH} 为截止延迟时间，平均传输延迟时间为

$$t_{Pd} = \frac{1}{2}(t_{PdL} + t_{PdH})$$

t_{Pd} 的测试电路如图 8-5（b）所示，由于 TTL 门电路的延迟时间较短，直接测量时对信号发生器和示波器的性能要求较高，因此实验采用测量由奇数个与非门组成的环形振荡

器的振荡周期 T 来求得。其工作原理是：假设电路在接通电源后某一瞬间，电路中的 A 点为逻辑"1"，经过三级门的延迟后，使 A 点由原来的逻辑"1"变为逻辑"0"；再经过三级门的延迟后，A 点电平又重新回到逻辑"1"。电路中其他各点的电平也随之变化。说明使 A 点发生一个周期的振荡，必须经过 6 级门的延迟时间，因此，平均传输延迟时间为

$$t_{Pd} = \frac{T}{6}$$

TTL 电路的 t_{Pd} 一般为 10～40ns。

74LS20 的主要电参数规范如表 8-1 所示。

表 8-1　74LS20 的主要电参数规范

参数名称和符号			规　范　值	单　位	测　试　条　件
直流参数	低电平输出电源电流	I_{CCL}	<14	mA	V_{CC} =5V，输入端悬空，输出端空载
	高电平输出电源电流	I_{CCH}	<7	mA	V_{CC} =5V，输入端接地，输出端空载
	低电平输入电流	I_{IL}	≤1.4	mA	V_{CC} =5V，被测输入端接地，其他输入端悬空，输出端空载
	高电平输入电流	I_{IH}	<50	μA	V_{CC} =5V，被测输入端 V_i =2.4V，其他输入端接地，输出端空载
			<1	mA	V_{CC} =5V，被测输入端 V_i =5V，其他输入端接地，输出端空载
	输出高电平	V_{OH}	≥3.4	V	V_{CC} =5V，被测输入端 V_i =0.8V，其他输入端悬空，I_{OH} =400μA
	输出低电平	V_{OL}	<0.3	V	V_{CC} =5V，输入端 V_i =2.0V，I_{OL} =12.8mA
	扇出系数	N_O	4～8	—	同 V_{OH} 和 V_{OL}
交流参数	平均传输延迟时间	t_{Pd}	≤20	ns	V_{CC} =5V，被测输入端 V_i =3.0V，f =2MHz

8.1.3　实验设备与元器件

1．5V 直流电源
2．逻辑电平开关
3．逻辑电平显示器
4．直流数字电压表
5．直流毫安表
6．直流微安表
7．74LS20×2，1kΩ、10kΩ 电位器，200Ω 电阻（0.5W）

8.1.4　实验内容

在合适的位置选取一个 14P 插座，按定位标记插好 74LS20 集成块。

1．验证 TTL 集成与非门 74LS20 的逻辑功能

按图 8-6 接线，门的 4 个输入端接逻辑电平开关的输出插口，以提供"0"与"1"电平信号，开关向上输出逻辑"1"，开关向下输出逻辑"0"。门的输出端接由发光二极管（LED）

组成的逻辑电平显示器（又称 0-1 指示器）的显示插口，LED 亮为逻辑"1"，不亮为逻辑"0"。按表 8-2 所示的真值表逐个测试集成块中两个与非门的逻辑功能。74LS20 有 4 个输入端，有 16 个最小项，在实际测试时，只要通过对输入 1111、0111、1011、1101、1110 这 5 项进行检测，就可判断其逻辑功能是否正常。

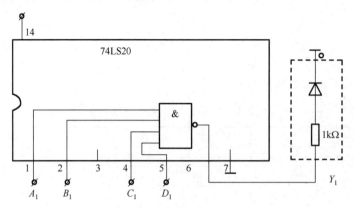

图 8-6　与非门逻辑功能测试电路

表 8-2　逻辑功能真值表

输入				输出
A_n	B_n	C_n	D_n	Y_1
1	1	1	1	
0	1	1	1	
1	0	1	1	
1	1	0	1	
1	1	1	0	

2. 74LS20 主要参数的测试

（1）分别按图 8-2、图 8-3、图 8-5（b）连线并进行测试，将测试结果记入表 8-3。

表 8-3　74LS20 主要参数测试表

I_{CCL} /mA	I_{CCH} /mA	I_{IL} /mA	I_{OL} /mA	$N_{OL} = \dfrac{I_{OL}}{I_{IL}}$	$t_{Pd} = T/6$（ns）

（2）接图 8-4 连线，调节电位器 R_P，使 v_i 从 0V 向高电平变化，逐点测量 v_i 和 v_o 的对应值，记入表 8-4。

表 8-4　v_i 和 v_o 的对应值

v_i /V	0	0.2	0.4	0.6	0.8	1.0	1.5	2.0	2.5	3.0	3.5	4.0	...
v_o /V													

8.1.5 实验报告

1．记录、整理实验结果，并对结果进行分析。
2．画出实测的电压传输特性曲线，并从中读出各有关参数值。

8.1.6 集成电路芯片简介

数字电路实验中所用到的集成芯片都是双列直插式的，其引脚排列规则如图 8-1（c）所示。识别方法是：正对集成电路型号（如 74LS20）或看标记（左边的缺口或小圆点标记），从左下角开始按逆时针方向以 1，2，3，…依次排列到最后一脚（在左上角）。在标准型 TTL 集成电路中，电源端 V_{CC} 一般排在左上端，接地端 GND 一般排在右下端。如 74LS20 为 14 脚芯片，14 脚为 V_{CC}，7 脚为 GND。若集成芯片引脚上的功能标号为 NC，则表示该引脚为空脚，与内部电路不连接。

8.1.7 TTL 集成电路使用规则

1．接插集成块时，要认清定位标记，不得插反。
2．电源电压的使用范围为+4.5～+5.5V，实验中要求使用 V_{CC} = +5V，电源极性绝对不允许接错。
3．闲置输入端处理方法如下。
（1）悬空，相当于正逻辑"1"，对于一般小规模集成电路的数据输入端，实验时允许悬空处理，但易受外界的干扰，会导致电路的逻辑功能不正常。因此对于接有长线的输入端，中规模以上的集成电路和使用集成电路较多的复杂电路的所有控制输入端都必须按逻辑要求接入电路，不允许悬空。
（2）直接接电源电压 V_{CC}（也可以串入一只 1～10kΩ 的固定电阻）或接至某一固定电压（2.4V≤V≤4.5V）的电源上，或与输入端为接地的多余与非门的输出端相接。
（3）若前级驱动能力允许，可以与使用的输入端并联。
4．输入端通过电阻接地，电阻值的大小将直接影响电路所处的状态。当 R≤680Ω 时，输入端相当于逻辑"0"；当 R≥4.7kΩ 时，输入端相当于逻辑"1"。对于不同系列的器件，要求的阻值不同。
5．输出端不允许并联使用[集电极开路门（OC 门）和三态输出门电路除外]，否则不仅会使电路逻辑功能混乱，还会导致器件损坏。
6．输出端不允许直接接地或直接接+5V 直流电源，否则将损坏器件，有时为了使后级电路获得较高的输出电平，允许输出端通过电阻 R 接至 V_{CC}，一般取 R = 3～5.1 kΩ。

8.2 CMOS 集成门电路的逻辑功能与参数测试

8.2.1 实验目的

1．掌握 CMOS 集成门电路的逻辑功能和器件的使用规则。

2．学会 CMOS 集成门电路主要参数的测试方法。

8.2.2　实验原理

1．CMOS 集成电路将 N 沟道 MOS 晶体管和 P 沟道 MOS 晶体管同时用于一个集成电路中，成为组合两种沟道 MOS 晶体管性能的更优良的集成电路。CMOS 集成电路的主要优点是：

（1）功耗低，其静态工作电流在 10^{-9}A 数量级，是目前所有数字集成电路中最低的，而 TTL 器件的功耗则大得多；

（2）高输入阻抗，通常大于 $10^{10}\Omega$，远高于 TTL 器件的输入阻抗；

（3）接近理想的传输特性，输出高电平可达电源电压的 99.9%以上，低电平可达电源电压的 0.1%以下，因此输出逻辑电平的摆幅很大，噪声容限很高；

（4）电源电压范围广，可在+3～+18V 范围内正常运行；

（5）由于有很高的输入阻抗，因此要求驱动电流很小，约 0.1μA，输出电流在+5V 直流电源下约为 500μA，远小于 TTL 电路，若以此电流来驱动同类门电路，则其扇出系数将非常大。在一般低频率时无须考虑扇出系数，但在高频时，后级门的输入电容将成为主要负载，使其扇出能力下降，所以在较高频率工作时，CMOS 门电路的扇出系数一般取 10～20。

2．CMOS 门电路的逻辑功能。

尽管 CMOS 与 TTL 电路的内部结构不同，但它们的逻辑功能完全一样。本实验将测定与门 CC4081、或门 CC4071、与非门 CC4011、或非门 CC4001 的逻辑功能。各集成块的逻辑功能与真值表参阅有关教材及资料。

3．CMOS 与非门的主要参数。

CMOS 与非门的主要参数的定义及测试方法与 TTL 电路相仿，此处略。

4．CMOS 电路的使用规则。

CMOS 电路有很高的输入阻抗，这给使用者带来了一定的麻烦，即外来的干扰信号很容易在一些悬空的输入端感应出很高的电压，以致损坏器件。CMOS 电路的使用规则如下。

（1）V_{CC} 接电源正极，V_{SS} 接电源负极（通常接地），不得接反。CC4000 系列的电源允许电压在+3～+18V 范围内选择，实验中一般要求使用+5～+15V。

（2）所有输入端一律不准悬空，闲置输入端的处理方法为：

① 按照逻辑要求，直接接 V_{CC}（与非门）或 V_{SS}（或非门）；

② 在工作频率不高的电路中，允许输入端并联使用。

（3）输出端不允许直接与 V_{CC} 或 V_{SS} 连接，否则将导致器件损坏。

（4）在装接电路、改变电路连接或插/拔电路时，均应切断电源，严禁带电操作。

（5）焊接、测试和存储时的注意事项：

① 电路应存放在导电的容器内，有良好的静电屏蔽；

② 焊接时必须切断电源，电烙铁外壳必须良好接地，或拔下烙铁，靠其余热焊接；

③ 所有的测试仪器必须良好接地。

8.2.3　实验设备与元器件

1．+5V 直流电源
2．双踪示波器
3．连续脉冲源
4．逻辑电平开关
5．逻辑电平显示器
6．直流数字电压表
7．直流毫安表
8．直流微安表
9．CC4011、CC4001、CC4071、CC4081
10．100kΩ 电位器、1kΩ 电阻

8.2.4　实验内容

1．CMOS 与非门 CC4011 参数测试（方法与 TTL 电路相同）。

（1）测试 CC4011 一个门的 I_{CCL}、I_{CCH}、I_{IH}、I_{IL}。

（2）测试 CC4011 一个门的传输特性（一个输入端作为信号输入，另一个输入端接逻辑高电平）。

（3）将 CC4011 的三个门串接成振荡器，用双踪示波器观测输入、输出波形，并计算 t_{Pd} 值。

2．验证 CMOS 各门电路的逻辑功能，判断其好坏。

验证与非门 CC4011、与门 CC4081、或门 CC4071 及或非门 CC4001 的逻辑功能。以 CC4011 为例：测试时，选好某一个 14P 插座，插入被测器件，其输入端 A、B 接逻辑电平开关的输出插口，其输出端 Y 接至逻辑电平显示器的输入插口，拨动逻辑电平开关，逐个测试各门的逻辑功能，并记入表 8-5。

表 8-5　门电路的逻辑功能真值表

输　入		输　出			
A	B	Y_1	Y_2	Y_3	Y_4
0	0				
0	1				
1	0				
1	1				

3．观察与非门、与门、或非门对脉冲的控制作用。

将与非门按图 8-7（a）、（b）接线，将一个输入端接连续脉冲源（频率为 20kHz），用双踪示波器观察两种电路的输出波形，并记录。然后测定与门和或非门对脉冲的控制作用。

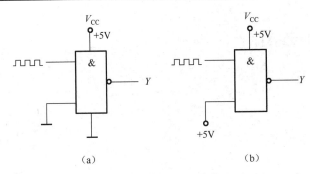

图 8-7　与非门对脉冲的控制作用

8.2.5　预习要求

1．复习 CMOS 门电路的工作原理。
2．熟悉实验用各集成门的引脚功能。
3．画出各实验内容的测试电路与数据记录表格。
4．画好实验用各 CMOS 门电路的真值表。
5．如何处理各 CMOS 门电路的闲置输入端？

8.2.6　实验报告

1．整理实验结果，用坐标纸画出传输特性曲线。
2．根据实验结果，写出各门电路的逻辑表达式，并判断被测电路的功能好坏。

8.3　集成逻辑电路的连接和驱动

8.3.1　实验目的

1．掌握 TTL、CMOS 集成电路的输入电路与输出电路的性质。
2．掌握集成逻辑电路相互连接时应遵守的规则和实际连接方法。

8.3.2　实验原理

1．TTL 电路输入/输出性质

当输入端为高电平时，输入电流是反向二极管的漏电流，电流极小，其方向是从外部流入输入端。

当输入端为低电平时，电流由电源 V_{CC} 经内部电路流入输入端，电流较大，当与上一级电路连接时，将决定上级电路应具有的负载能力。高电平输出电压在负载不大时为 3.5V 左右。低电平输出时，允许后级电路灌入电流，随着灌入电流的增大，输出低电平将升高，一般 LS 系列 TTL 电路允许灌入 8mA 电流，即可吸收后级 20 个 LS 系列标准门的灌入电流。最大允许低电平输出电压为 0.4V。

2. CMOS 电路输入/输出性质

一般 CC 系列的输入阻抗可高达 $10^{10}\Omega$，输入电容在 5pF 以下，输入高电平通常要求在 3.5V 以上，输入低电平通常在 1.5V 以下。因 CMOS 电路的输出结构具有对称性，故对高、低电平具有相同的输出能力，负载能力较弱，仅可驱动少量的 CMOS 电路。当输出端负载很小时，输出高电平将十分接近电源电压，输出低电平将十分接近地电位。

对于高速 CMOS 电路 54/74HC 系列中的一个子系列 54/74HCT，其输入电平与 TTL 电路完全相同，因此在相互取代时，无须考虑电平的配合问题。

3. 集成逻辑电路的连接

在实际的数字电路系统中总将一定数量的集成逻辑电路按需要前后连接起来。这时，前级电路的输出将与后级电路的输入相连并驱动后级电路工作，这就存在电平配合和负载能力这两个需要解决的问题。

可用下列几个表达式来说明连接时所要满足的条件

$$V_{OH}\text{（前级）}\geqslant V_{IH}\text{（后级）}$$

$$V_{OL}\text{（前级）}\leqslant V_{IL}\text{（后级）}$$

$$I_{OH}\text{（前级）}\geqslant n\times I_{IH}\text{（后级）}$$

$$I_{OL}\text{（前级）}\geqslant n\times I_{IL}\text{（后级）}，n\text{ 为后级门的数目}$$

（1）TTL 电路与 TTL 电路的连接。

由于 TTL 集成逻辑电路所有系列的电路结构形式相同，因此电平配合比较方便，不需要外接元件也可直接连接，不足之处是受低电平时负载能力的限制。表 8-6 列出了 74 系列 TTL 电路的扇出系数。

表 8-6　74 系列 TTL 电路的扇出系数

	74LS00	74ALS00	7400	74L00	74S00
74LS00	20	40	5	40	5
74ALS00	20	40	5	40	5
7400	40	80	10	40	10
74L00	10	20	2	20	1
74S00	50	100	12	100	12

（2）TTL 电路驱动 CMOS 电路。

TTL 电路驱动 CMOS 电路时，由于 CMOS 电路的输入阻抗高，因此驱动电流一般不会受到限制，但在电平配合问题上，低电平时是可以的，高电平时有困难，因为 TTL 电路在满载时，输出高电平通常低于 CMOS 电路对输入高电平的要求，因此为保证 TTL 电路输出高电平时后级的 CMOS 电路能可靠工作，通常要外接一个上拉电阻 R，如图 8-8 所示，使输出高电平达到 3.5V 以上，R 的取值为 $2\Omega\sim6.2k\Omega$ 较合适，这时 TTL 电路后级的 CMOS 电路的数目实际上是没有限制的。

（3）CMOS 电路驱动 TTL 电路。

CMOS 电路的输出电平能满足 TTL 电路对输入电平的要求，而驱动电流将受限制，主要是低电平时的负载能力。表 8-7 列出了 CMOS 电路驱动 TTL 电路时的扇出系数，从表中可见，除 74HC 系列外，其他 CMOS 电路驱动 TTL 电路的能力都较弱。

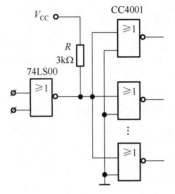

表 8-7　CMOS 电路驱动 TTL 电路时的扇出系数

	LS-TTL	L-TTL	TTL	ASL-TTL
CC4001B 系列	1	2	0	2
MC14001B 系列	1	2	0	2
MM74HC 及 74HCT 系列	10	20	2	20

图 8-8　TTL 电路驱动 CMOS 电路

在既要使用此系列又要提高其驱动能力时，可采用以下两种方法：

① 采用 CMOS 驱动器，如 CC4049、CC4050 是专为较大驱动能力而设计的 CMOS 电路；

② 几个同功能的 CMOS 电路并联使用，即将其输入端并联，输出端并联（TTL 电路是不允许并联的）。

（4）CMOS 电路与 CMOS 电路的连接。

CMOS 电路之间的连接十分方便，无须另加外接元件。对直流参数来讲，一个 CMOS 电路可带动的 CMOS 电路的数量是不受限制的，但在实际使用时，应当考虑后级门输入电容对前级门的传输速度的影响，当电容太大时，传输速度要下降，因此在高速使用时要从负载电容来考虑，如 CC4000T 系列。CMOS 电路在 10MHz 以上频率使用时应限制在 20 个门以下。

8.3.3　实验设备与元器件

1．+5V 直流电源

2．逻辑电平开关

3．逻辑电平显示器

4．逻辑笔

5．直流数字电压表

6．直流毫安表

7．74LS00×2、CC4001、74HC00

8．电阻（100Ω、470Ω、3kΩ）、电位器（4.7kΩ、10kΩ、47kΩ）

8.3.4　实验内容

测试 TTL 电路 74LS00 及 CMOS 电路 CC4001 的输出特性。74LS00 与非门和 CC4001 或非门的引脚排列如图 8-9 所示。

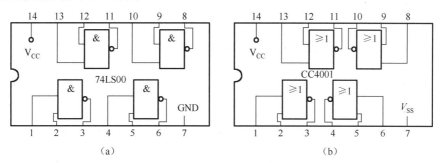

图 8-9　74LS00 与非门和 CC4001 或非门的引脚排列

测试电路如图 8-10 所示，图中以与非门 74LS00 为例画出了高、低电平两种输出状态下输出特性的测试方法。通过改变电位器 R_P 的阻值，可获得输出特性曲线，R 为限流电阻。

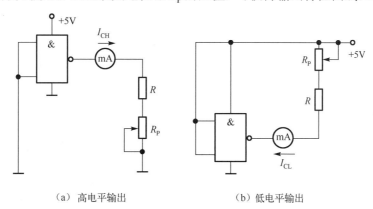

（a）高电平输出　　　　　　　　　（b）低电平输出

图 8-10　与非门电路的输出特性测试电路

（1）测试 TTL 电路 74LS00 的输出特性。

在实验装置的合适位置选取一个 14P 插座，插入 74LS00，R 的取值为 100Ω，高电平输出时，R_P 取 47kΩ，低电平输出时，R_P 取 10kΩ，高电平测试时应测量空载到最小允许高电平（2.7V）之间的一系列点；低电平测试时应测量空载到最大允许低电平（0.4V）之间的一系列点。

（2）测试 CMOS 电路 CC4001 的输出特性。

测试时 R 取 470Ω，R_P 取 4.7kΩ。

高电平测试时应测量从空载到输出电平降到 4.6V 为止的一系列点；低电平测试时应测量从空载到输出电平升到 0.4V 为止的一系列点。

1. TTL 电路驱动 CMOS 电路

用 74LS00 的一个门来驱动 CC4001 的 4 个门，实验电路如图 8-8 所示，R 取 3kΩ。测量连接 3kΩ 与不连接 3kΩ 电阻时 74LS00 的输出高、低电平及 CC4001 的逻辑功能，测试逻辑功能时，可用实验装置上的逻辑笔进行测试，逻辑笔的电源 V_{CC} 接+5V，其输入口 INPUT 通过一根导线接至所需的测试点。

2. CMOS 电路驱动 TTL 电路

电路如图 8-11 所示，被驱动的电路用 74LS00 的 8 个门并联。电路的输入端接逻辑电平开关的输出插口，8 个输出端分别接逻辑电平显示器的输入插口。先用 CC4001 的一个门来驱动，观测 CC4001 的输出电平和 74LS00 的逻辑功能。

然后将 CC4001 的其余 3 个门一个个并联到第一个门上（输入与输入并联，输出与输出并联），分别观察 CMOS 的输出电平及 74LS00 的逻辑功能。最后用 74HC00 代替 CC4001，测试其输出电平及系统的逻辑功能。

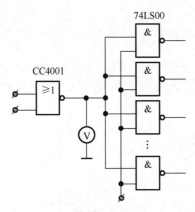

图 8-11　CMOS 电路驱动 TTL 电路

8.3.5　预习要求

1. 自拟各实验记录用的数据表格及逻辑电平记录表格。
2. 熟悉所用集成电路的引脚功能。

8.3.6　实验报告

1. 整理实验数据，作出输出特性曲线，并进行分析。
2. 通过本次实验，你对不同集成门电路的连接可得出什么结论？

第 9 章　组合逻辑电路分析实验

9.1　组合逻辑电路的设计与测试

9.1.1　实验目的

掌握组合逻辑电路的设计与测试方法。

9.1.2　实验原理

1．使用中、小规模集成电路设计的组合逻辑电路是最常见的一种逻辑电路。组合逻辑电路的设计流程图如图 9-1 所示。

根据设计任务的要求建立输入、输出变量，并列出真值表，然后用逻辑代数或卡诺图化简法求出简化的逻辑表达式，并按实际选用逻辑门的类型修改逻辑表达式。根据简化后的逻辑表达式画出逻辑图，用标准器件构成组合逻辑电路。最后，用实验来验证设计的正确性。

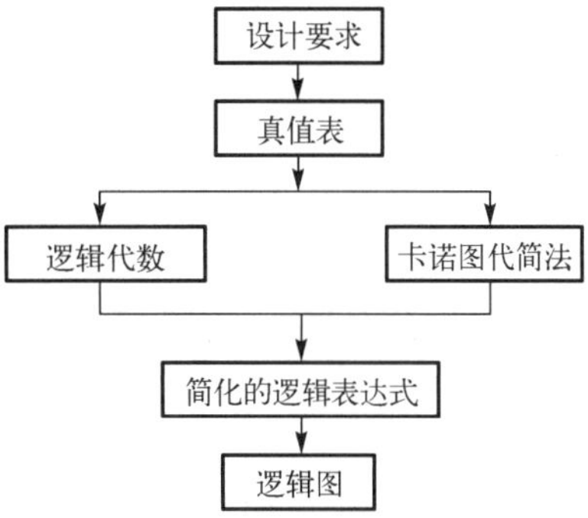

图 9-1　组合逻辑电路的设计流程图

2．组合逻辑电路设计举例。

用“与非门”设计一个表决电路。当 4 个输入端中有 3 个或 4 个为“1”时，输出端才为“1”。

设计步骤：根据题意列出真值表，如表 9-1 所示，再填入卡诺图（表 9-2）中。

表 9-1　表决电路的真值表

D	0	0	0	0	0	0	0	0	1	1	1	1	1	1	1	1
A	0	0	0	0	1	1	1	1	0	0	0	0	1	1	1	1
B	0	0	1	1	0	0	1	1	0	0	1	1	0	0	1	1
C	0	1	0	1	0	1	0	1	0	1	0	1	0	1	0	1
Z	0	0	0	0	0	0	0	1	0	0	0	1	0	1	1	1

由卡诺图得出逻辑表达式，并演化成“与非”的形式

$$
\begin{aligned}
Z &= ABC + BCD + ACD + ABD + ABCD \\
&= \overline{\overline{ABC} \cdot \overline{BCD} \cdot \overline{ACD} \cdot \overline{ABD} \cdot \overline{ABCD}}
\end{aligned}
$$

根据逻辑表达式画出用“与非门”构成的逻辑图，如图 9-2 所示。

用实验验证逻辑功能。在实验装置的适当位置选定 3 个 14P 插座，按照集成块定位标记插好集成块 CC4012。

按图 9-2 接线，输入端 A、B、C、D 接至逻辑电平开关的输出插口，输出端 Z 接逻辑电平显示器的输入插口，按真值表（自拟）要求，逐次改变输入端，测量相应的输出端，验证逻辑功能，与表 9-1 进行比较，验证所设计的逻辑电路是否符合要求。

表 9-2　表决电路的卡诺图

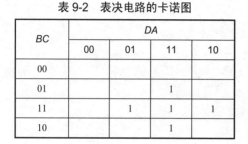

BC	DA			
	00	01	11	10
00				
01			1	
11		1	1	1
10			1	

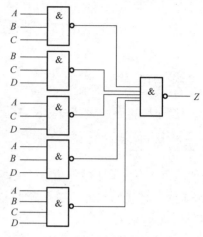

图 9-2　表决电路的逻辑图

9.1.3　实验设备与元器件

1．+5V 直流电源
2．逻辑电平开关
3．逻辑电平显示器
4．直流数字电压表
5．CC4011×2（74LS00）、CC4012×3（74LS20）、CC4030（74LS86）、CC4081（74LS08）、74LS54×2（CC4085）、CC4001（74LS02）

9.1.4　实验内容

1．设计用"与非门"及用"异或门"和"与门"组成的半加器电路。要求按本书所述的设计步骤进行，直到测试电路的逻辑功能符合设计要求为止。

2．设计一个一位全加器，要求用"异或门""与门""或门"组成。

3．设计一位全加器，要求用与或非门实现。

4．设计一个对两个两位无符号的二进制数进行比较的电路：根据第一个数是否大于、等于、小于第二个数，使相应的三个输出端中的一个输出"1"，要求用"与门""与非门""或非门"实现。

9.1.5　预习要求

1．根据实验任务要求设计组合电路，并根据所给的标准器件画出逻辑图。

2. 如何用最简单的方法验证与或非门的逻辑功能是否完好？

3. 与或非门中，当某一组"与"端不用时，应如何处理？

9.1.6　实验报告

1. 列写实验任务的设计过程，画出设计的电路图。

2. 对所设计的电路进行实验测试，记录测试结果。

3. 写出组合逻辑电路的设计体会。

注：四路 2-3-3-2 输入与或非门 74LS54 的引脚排列和逻辑图如图 9-3 所示。

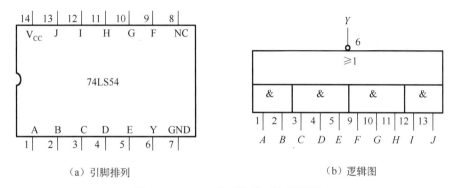

（a）引脚排列　　　　　　　　　　　　　（b）逻辑图

图 9-3　74LS54 的引脚排列和逻辑图

逻辑表达式为

$$Y = \overline{A \cdot B + C \cdot D \cdot E + F \cdot G \cdot H + I \cdot J}$$

9.2　译码器及其应用

9.2.1　实验目的

1. 掌握中规模集成译码器的逻辑功能和使用方法。

2. 熟悉数码管的使用。

9.2.2　实验原理

译码器是一个多输入、多输出的组合逻辑电路。它的作用是把给定的代码进行"翻译"，变成相应的状态，使输出通道中相应的一路有信号。译码器在数字系统中有广泛的用途，不仅可用于代码的转换、终端的数字显示，还可用于数据分配、存储器寻址和组合控制信号等。对于不同的功能可选用不同种类的译码器。

译码器可分为通用译码器和显示译码器两大类。前者又分为变量译码器和代码变换译码器。下面介绍变量译码器和数码显示译码器。

1. 变量译码器（又称二进制译码器）

变量译码器用以表示输入变量的状态，如 2 线-4 线译码器、3 线-8 线译码器和 4 线-16

线译码器。若有 n 个输入变量，则有 2^n 个不同的组合状态，就有 2^n 个输出端供其使用。而每个输出所代表的函数对应于 n 个输入变量的最小项。

以 3 线-8 线译码器 74LS138 为例进行分析，图 9-4（a）、（b）分别为其逻辑图及引脚排列。其中 A_0、A_1、A_2 为地址输入端，$\overline{Y_0} \sim \overline{Y_7}$ 为译码输出端，S_1、$\overline{S_2}$、$\overline{S_3}$ 为使能端。

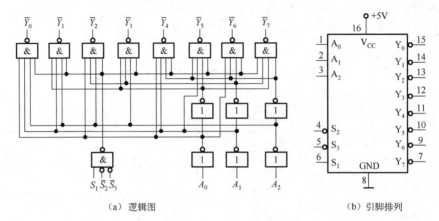

（a）逻辑图　　　　　　　　　　　　　　（b）引脚排列

图 9-4　3 线-8 线译码器 74LS138 的逻辑图及引脚排列

表 9-3 所示为 74LS138 的功能表。

表 9-3　74LS138 的功能表

输　入					输　出							
S_1	$\overline{S_2}+\overline{S_3}$	A_2	A_1	A_0	$\overline{Y_0}$	$\overline{Y_1}$	$\overline{Y_2}$	$\overline{Y_3}$	$\overline{Y_4}$	$\overline{Y_5}$	$\overline{Y_6}$	$\overline{Y_7}$
1	0	0	0	0	0	1	1	1	1	1	1	1
1	0	0	0	1	1	0	1	1	1	1	1	1
1	0	0	1	0	1	1	0	1	1	1	1	1
1	0	0	1	1	1	1	1	0	1	1	1	1
1	0	1	0	0	1	1	1	1	0	1	1	1
1	0	1	0	1	1	1	1	1	1	0	1	1
1	0	1	1	0	1	1	1	1	1	1	0	1
1	0	1	1	1	1	1	1	1	1	1	1	0
0	×	×	×	×								
×	1	×	×	×	1	1	1	1	1	1	1	1

当 $S_1=1$、$\overline{S_2}+\overline{S_3}=0$ 时，器件使能，地址码所指定的输出端有信号（为 0）输出，其他所有输出端均无信号（全为 1）输出。当 $S_1=0$、$\overline{S_2}+\overline{S_3}=\times$ 或 $S_1=\times$、$\overline{S_2}+\overline{S_3}=1$ 时，译码器被禁止，所有输出同时为 1。

变量译码器实际上也是负脉冲输出的脉冲分配器。若利用使能端中的一个输入数据信息，器件就成为一个数据分配器（又称多路分配器），如图 9-5 所示。若在 S_1 端输入数据信息，$\overline{S_2}=\overline{S_3}=0$，地址码所对应的输出是 S_1 端数据信息的反码；若从 $\overline{S_2}$ 端输入数据信息，令 $S_1=1$，$\overline{S_3}=0$，地址码所对应的输出是 $\overline{S_2}$ 端数据信息的原码。若数据信息是时钟脉冲，则数据分配器便成为时钟脉冲分配器。

变量译码器可根据输入地址的不同组合译出唯一地址，故可用作地址译码器。接成多路分配器，可将一个信号源的数据信息传输到不同的地点。

使用变量译码器还能方便地实现逻辑函数，如图 9-6 所示，其实现的逻辑函数是

$$Z = \overline{A}\overline{B}\overline{C} + \overline{A}B\overline{C} + A\overline{B}\overline{C} + ABC$$

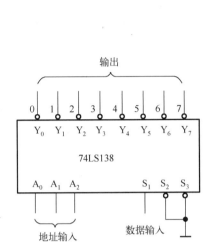

图 9-5 变量译码器作为数据分配器

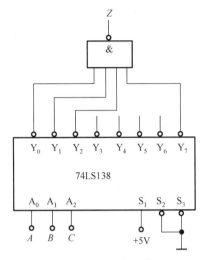

图 9-6 实现逻辑函数

利用使能端能方便地将两个 3 线-8 线译码器组合成一个 4 线-16 线译码器，如图 9-7 所示。

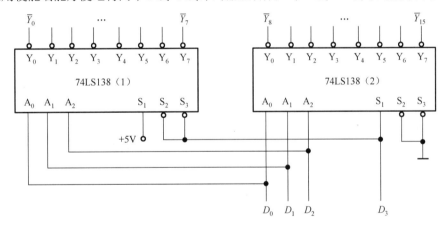

图 9-7 用两片 74LS138 组合成 4 线-16 线译码器

2. 数码显示译码器

（1）七段发光二极管（LED）数码管。

LED 数码管是目前最常用的一种数字显示器，图 9-8（a）、（b）为共阴管和共阳管的电路，图 9-8（c）为两种不同接线方法的引脚功能。

一个 LED 数码管可用来显示一位 0～9 的十进制数和一个小数点。小型数码管（0.5 寸和 0.36 寸）的每段发光二极管的正向压降随显示光（通常为红色、绿色、黄色、橙色）

的颜色不同而略有差别，通常为 2～2.5V，每个发光二极管的点亮电流为 5～10mA。LED 数码管要显示 BCD 码所表示的十进制数字，就需要一个专门的译码器，该译码器不但要完成译码功能，还要有相当强的驱动能力。

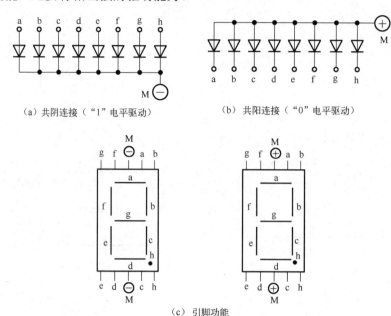

（a）共阴连接（"1"电平驱动）　　　　　（b）共阳连接（"0"电平驱动）

（c）引脚功能

图 9-8　LED 数码管

（2）BCD 码七段译码驱动器。

此类译码器的型号有 74LS47（共阳）、74LS48（共阴）、CC4511（共阴）等，本实验采用 CC4511 BCD 码锁存/七段译码驱动器，驱动共阴极 LED 数码管。

图 9-9 所示为 CC4511 的引脚排列。其中 A、B、C、D 是 BCD 码输入端。a、b、c、d、e、f、g 是译码输出端，输出"1"有效，用来驱动共阴极 LED

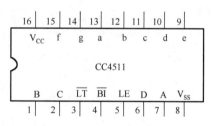

图 9-9　CC4511 的引脚排列

数码管。$\overline{\text{LT}}$ 是测试输入端，当 $\overline{\text{LT}}$ ="0"时，译码输出全为"1"。$\overline{\text{BI}}$ 是消隐输入端，当 $\overline{\text{BI}}$ ="0"时，译码输出全为"0"。LE 是锁定端，当 LE ="1"时，译码器处于锁存（保持）状态，译码输出保持 LE = 0 时的数值，LE = 0 为正常译码。

表 9-4 所示为 CC4511 的功能表。CC4511 内接有上拉电阻，故只需在输出端与数码管笔段之间串入限流电阻即可工作。译码器还有拒伪码功能，当输入码超过 1001 时，输出全为"0"，数码管熄灭。

表 9-4　CC4511 的功能表

输　入							输　出							
LE	$\overline{\text{BI}}$	$\overline{\text{LT}}$	D	C	B	A	a	b	c	d	e	f	g	显示字形
×	×	0	×	×	×	×	1	1	1	1	1	1	1	8

续表

输　入							输　出							显示字形
LE	$\overline{BI}$	$\overline{LT}$	D	C	B	A	a	b	c	d	e	f	g	
×	0	1	×	×	×	×	0	0	0	0	0	0	0	消隐
0	1	1	0	0	0	0	1	1	1	1	1	1	0	0
0	1	1	0	0	0	1	0	1	1	0	0	0	0	1
0	1	1	0	0	1	0	1	1	0	1	1	0	1	2
0	1	1	0	0	1	1	1	1	1	1	0	0	1	3
0	1	1	0	1	0	0	0	1	1	0	0	1	1	4
0	1	1	0	1	0	1	1	0	1	1	0	1	1	5
0	1	1	0	1	1	0	0	0	1	1	1	1	1	6
0	1	1	0	1	1	1	1	1	1	0	0	0	0	7
0	1	1	1	0	0	0	1	1	1	1	1	1	1	8
0	1	1	1	0	0	1	1	1	1	0	0	1	1	9
0	0	1	1	0	0	0	0	0	0	0	0	0	0	消隐
0	0	1	1	0	0	1	0	0	0	0	0	0	0	消隐
0	0	1	1	0	1	0	0	0	0	0	0	0	0	消隐
0	0	1	1	0	1	0	0	0	0	0	0	0	0	消隐
0	0	1	1	0	1	1	0	0	0	0	0	0	0	消隐
0	0	1	1	0	1	0	0	0	0	0	0	0	0	消隐
1	1	1	×	×	×	×	锁存							锁存

在本数字电路实验装置上已完成了译码器 CC4511 和 LED 数码管之间的连接。实验时，只要接通+5V 直流电源和将十进制数的 BCD 码接至译码器的相应输入端 A、B、C、D，即可显示数字 0～9。4 位数码管可接收 4 组 BCD 码输入。CC4511 与 LED 数码管的连接如图 9-10 所示。

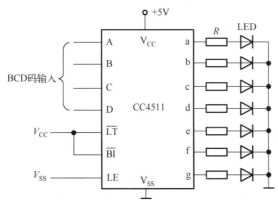

图 9-10　CC4511 驱动一位 LED 数码管

9.2.3　实验设备与元器件

1．+5V 直流电源
2．双踪示波器
3．连续脉冲源
4．逻辑电平开关
5．逻辑电平显示器
6．拨码开关组
7．译码显示器
8．74LS138×2、CC4511

9.2.4　实验内容

1．数据拨码开关的使用

将实验装置上的 4 组拨码开关的输出 A_i、B_i、C_i、D_i（i=1, 2, 3, 4）分别接至 4 组显示译码驱动器 CC4511 的对应输入口，LE、$\overline{BI}$、$\overline{LT}$ 接至 3 个逻辑电平开关的输出插口，逻辑电平显示器接上+5V 直流电源,然后按表 9-4 输入的要求拨动 4 个拨码开关的增减键("+"键与 "–" 键）和操作与 LE、$\overline{BI}$、$\overline{LT}$ 对应的 3 个逻辑电平开关，观测拨码开关上的 4 位数与 LED 数码管显示的对应数字是否一致，以及译码显示是否正常。

2．74LS138 译码器逻辑功能测试

将译码器的使能端 S_1、$\overline{S_2}$、$\overline{S_3}$ 及地址端 A_2、A_1、A_0 分别接至逻辑电平开关的输出插口，8 个输出端 $\overline{Y_7}\cdots\overline{Y_0}$ 依次连接在逻辑电平显示器的 8 个输入插口上，拨动逻辑电平开关，按表 9-3 逐项测试 74LS138 的逻辑功能。

3．用 74LS138 构成时序脉冲分配器

参照图 9-5 和实验原理说明，时钟脉冲 CP 的频率约为 10kHz，要求数据分配器输出端 $\overline{Y_0}\cdots\overline{Y_7}$ 的信号与 CP 输入信号同相。

画出数据分配器的实验电路，用双踪示波器观察和记录在地址端 A_2、A_1、A_0 分别取 000~111 这 8 种不同状态时 $\overline{Y_0}\cdots\overline{Y_7}$ 端的输出波形，注意输出波形与 CP 输入波形之间的相位关系。

用两片 74LS138 组合成一个 4 线-16 线译码器，并进行实验。

9.2.5　预习要求

1．复习有关译码器和数据分配器的原理。
2．根据实验任务，画出所需的实验电路及记录表格。

9.2.6　实验报告

1．画出实验电路，把观察到的波形画在坐标纸上，并标上对应的地址码。

2. 对实验结果进行分析、讨论。

9.3　数据选择器及其应用

9.3.1　实验目的

1. 掌握中规模集成数据选择器的逻辑功能及使用方法。
2. 学习用数据选择器构成组合逻辑电路的方法。

9.3.2　实验原理

数据选择器又叫"多路开关"。数据选择器在地址码（或叫选择控制）电位的控制下，从几个数据输入中选择一个并将其送至输出端。数据选择器的功能类似于一个多掷开关，如图 9-11 所示，图中有 4 路数据 $D_0 \sim D_3$，通过选择控制信号 A_1、A_0（地址码）从 4 路数据中选择某一路数据送至输出端 Q。

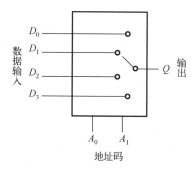

图 9-11　4 选 1 数据选择器示意图

数据选择器为目前逻辑设计中应用十分广泛的逻辑部件，它有 2 选 1、4 选 1、8 选 1、16 选 1 等类别。

数据选择器的电路结构一般由"与或门"阵列组成，也有用传输门开关和门电路混合而成的。

1. 8 选 1 数据选择器 74LS151

74LS151 为互补输出的 8 选 1 数据选择器，其引脚排列如图 9-12 所示，功能表如表 9-5 所示。

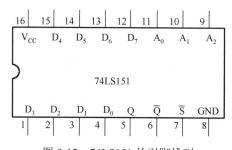

图 9-12　74LS151 的引脚排列

表 9-5　74LS151 的功能表

输　　　入				输　　　出	
$\overline{S}$	A_2	A_1	A_0	Q	$\overline{Q}$
1	×	×	×	0	1
0	0	0	0	D_0	$\overline{D}_0$
0	0	0	1	D_1	$\overline{D}_1$

续表

输　　入				输　　出	
$\overline{S}$	A_2	A_1	A_0	Q	$\overline{Q}$
0	0	1	0	D_2	$\overline{D_2}$
0	0	1	1	D_3	$\overline{D_3}$
0	1	0	0	D_4	$\overline{D_4}$
0	1	0	1	D_5	$\overline{D_5}$
0	1	1	0	D_6	$\overline{D_6}$
0	1	1	1	D_7	$\overline{D_7}$

选择控制端（地址端）为 $A_2 \cdots A_0$，按二进制译码，从 8 个输入数据 $D_0 \cdots D_7$ 中选择一个需要的数据并送到输出端 Q，$\overline{S}$ 为使能端，低电平有效。

（1）当使能端 $\overline{S}=1$ 时，不论 $A_2 \sim A_0$ 状态如何，均无输出（$Q=0$，$\overline{Q}=1$），数据选择器被禁止。

（2）当使能端 $\overline{S}=0$ 时，数据选择器正常工作，根据 A_2、A_1、A_0 的状态选择 $D_0 \sim D_7$ 中某一个通道的数据并送到输出端 Q。

如：$A_2A_1A_0=000$，则选择 D_0 数据并送到输出端，即 $Q=D_0$。

如：$A_2A_1A_0=001$，则选择 D_1 数据并送到输出端，即 $Q=D_1$，其余类推。

2．双 4 选 1 数据选择器 74LS153

所谓双 4 选 1 数据选择器，就是在一块集成芯片上有两个 4 选 1 数据选择器。74LS153 的引脚排列如图 9-13 所示，功能表如表 9-6 所示。

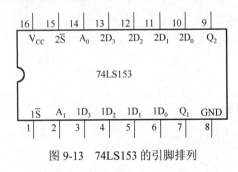

图 9-13　74LS153 的引脚排列

表 9-6　74LS153 的功能表

输　　入			输　出
$\overline{S}$	A_1	A_0	Q
1	×	×	0
0	0	0	D_0
0	0	1	D_1
0	1	0	D_2
0	1	1	D_3

$1\overline{S}$、$2\overline{S}$ 为两个独立的使能端；A_1、A_0 为公用的地址输入端；$1D_0 \sim 1D_3$ 和 $2D_0 \sim 2D_3$ 分别为两个 4 选 1 数据选择器的数据输入端；Q_1、Q_2 为两个输出端。

（1）当使能端 $1\overline{S}$（$2\overline{S}$）$=1$ 时，数据选择器被禁止，无输出，$Q=0$。

（2）当使能端 $1\overline{S}$（$2\overline{S}$）$=0$ 时，数据选择器正常工作，根据 A_1、A_0 的状态，将相应的数据 $D_0 \sim D_3$ 送到输出端 Q。

如：$A_1A_0=00$，则选择 D_0 数据并送到输出端，即 $Q=D_0$。

如：$A_1A_0=01$，则选择 D_1 数据并送到输出端，即 $Q=D_1$，其余类推。

数据选择器的用途有很多，例如，多通道传输、数码比较、并行码变串行码，以及实现逻辑函数等。

3. 数据选择器的应用——实现逻辑函数

【例 9-1】 用 8 选 1 数据选择器 74LS151 实现函数。

$$F = A\overline{B} + \overline{A}C + B\overline{C}$$

解：采用 8 选 1 数据选择器 74LS151 可实现任意三输入变量的组合逻辑函数。

列出函数 F 的功能表，如表 9-7 所示，将函数 F 的功能表与 8 选 1 数据选择器的功能表相比较，可知：

（1）将输入变量 C、B、A 作为 8 选 1 数据选择器的地址码 A_2、A_1、A_0；

（2）使 8 选 1 数据选择器的各数据输入 $D_0 \sim D_7$ 并分别与函数 F 的输出值一一对应，即

$$A_2 A_1 A_0 = CBA$$
$$D_0 = D_7 = 0$$
$$D_1 = D_2 = D_3 = D_4 = D_5 = D_6 = 1$$

则 8 选 1 数据选择器的输出 Q 便实现了函数 $F = A\overline{B} + \overline{A}C + B\overline{C}$。接线图如图 9-14 所示。

表 9-7　例 9-1 的函数 F 的功能表

输　入			输　出
C	B	A	F
0	0	0	0
0	0	1	1
0	1	0	1
0	1	1	1
1	0	0	1
1	0	1	1
1	1	0	1
1	1	1	0

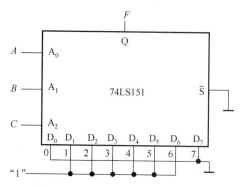

图 9-14　用 8 选 1 数据选择器实现
$F = A\overline{B} + \overline{A}C + B\overline{C}$ 的接线图

显然，在采用具有 n 个地址端的数据选择器实现 n 变量的逻辑函数时，应将函数的输入变量加到数据选择器的地址端（A），数据选择器的数据输入端（D）按次序以函数 F 的输出值来赋值。

【例 9-2】 用 8 选 1 数据选择器 74LS151 实现函数

$$F = A\overline{B} + \overline{A}B$$

解：（1）列出函数 F 的功能表，如表 9-8 所示。

（2）将 A、B 加到地址端 A_1、A_0，而 A_2 接地，由表 9-8 可见，将 D_1、D_2 接"1"及 D_0、D_3 接地，其余数据输入端 $D_4 \sim D_7$ 都接地，则 8 选 1 数据选择器的输出 Q 便实现了函数

$$F = A\overline{B} + \overline{A}B$$

接线图如图 9-15 所示。

显然，当函数的输入变量数小于数据选择器的地址端（A）的数量时，应将不用的地址端及不用的数据输入端都接地。

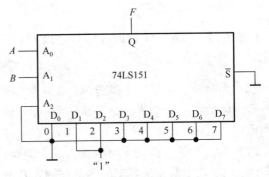

表 9-8　例 9-2 的函数 F 的功能表

B	A	F
0	0	0
0	1	1
1	0	1
1	1	0

图 9-15　8 选 1 数据选择器实现
$F = A\overline{B} + \overline{A}B$ 的接线图

【例 9-3】　用双 4 选 1 数据选择器 74LS153 实现函数

$$F = \overline{A}BC + A\overline{B}C + AB\overline{C} + ABC$$

函数 F 的功能表如表 9-9 所示。

表 9-9　例 9-3 的函数 F 的功能表

输 入			输 出
A	B	C	F
0	0	0	0
0	0	1	0
0	1	0	0
0	1	1	1
1	0	0	0
1	0	1	1
1	1	0	1
1	1	1	1

　　函数 F 有 3 个输入变量 A、B、C，而数据选择器有两个地址端 A_1、A_0，地址端的个数小于函数输入变量的个数，在设计时可任选 A 接 A_1，B 接 A_0。将函数功能表改画成表 9-10 的形式，可见当将输入变量 A、B、C 中的 A、B 接数据选择器的地址端 A_1、A_0 时，不难看出

$$D_0 = 0, D_1 = D_2 = C, D_3 = 1$$

则双 4 选 1 数据选择器的输出便实现了函数

$$F = \overline{A}BC + A\overline{B}C + AB\overline{C} + ABC$$

接线图如图 9-16 所示。

表 9-10　数据选择器功能表

输 入			输 出	中选数据端
A	B	C	F	
0	0	0	0	$D_0 = 0$
		1	0	
0	1	0	0	$D_1 = C$
		1	1	
1	0	0	0	$D_2 = C$
		1	1	
1	1	0	1	$D_3 = 1$
		1	1	

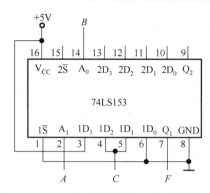

图 9-16　双 4 选 1 数据选择器实现逻辑函数

当函数输入变量的个数大于数据选择器地址端（A）的个数时，可能随着选用函数输入变量作地址的方案不同，而使其设计结果不同，需对几种方案进行比较，以获得最佳方案。

9.3.3　实验设备与元器件

1．+5V 直流电源
2．逻辑电平开关
3．逻辑电平显示器
4．74LS151（或 CC4512）、74LS153（或 CC4539）

9.3.4　实验内容

1．测试数据选择器 74LS151 的逻辑功能。

接图 9-17 接线，地址端 A_2、A_1、A_0，数据端 $D_0 \sim D_7$，使能端 $\overline{S}$ 接逻辑电平开关的输出插口，输出端 Q 接逻辑电平显示器，按 74LS151 的功能表逐项进行测试，记录测试结果。

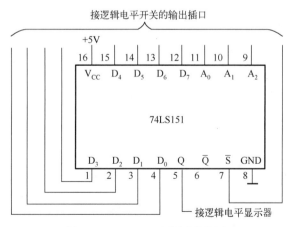

图 9-17　74LS151 逻辑功能测试

2．测试 74LS153 的逻辑功能。

测试方法及步骤同上，记录之。

3．用 8 选 1 数据选择器 74LS151 设计三输入多数表决电路。

（1）写出设计过程。

（2）画出接线图。

（3）验证逻辑功能。

4．用 8 选 1 数据选择器实现逻辑函数 $F = A\bar{B} + \bar{A}B$ 。

（1）写出设计过程。

（2）画出接线图。

（3）验证逻辑功能。

5．用双 4 选 1 数据选择器 74LS153 实现全加器。

（1）写出设计过程。

（2）画出接线图。

（3）验证逻辑功能。

9.3.5　预习要求

1．复习数据选择器的工作原理。

2．用数据选择器对实验内容中的各逻辑表达式进行预设计。

9.3.6　实验报告

对实验内容进行设计，写出设计全过程，画出接线图，进行逻辑功能测试；总结实验收获、体会。

第10章 触发器及其应用实验

10.1.1 实验目的

1. 掌握基本 RS 触发器、JK 触发器、D 触发器和 T 触发器的逻辑功能。
2. 掌握集成触发器的逻辑功能及使用方法。
3. 熟悉触发器之间相互转换的方法。

10.1.2 实验原理

触发器具有两个稳定状态，用以表示逻辑状态"1"和"0"，在一定的外界信号作用下，可以从一个稳定状态翻转到另一个稳定状态，它是一个具有记忆功能的二进制信息存储器件，是构成各种时序电路的基本逻辑单元。

1. 基本 RS 触发器

图 10-1 所示为由两个"与非门"交叉耦合而成的基本 RS 触发器，它是无时钟控制低电平直接触发的触发器。基本 RS 触发器具有置"0"、置"1"和"保持"三种功能。通常称 $\overline{S}$ 为置"1"端，因为 $\overline{S}=0$（$\overline{R}=1$）时触发器被置"1"；$\overline{R}$ 为置"0"端，因为 $\overline{R}=0$（$\overline{S}=1$）时触发器被置"0"；当 $\overline{S}=\overline{R}=1$ 时，状态保持；当 $\overline{S}=\overline{R}=0$ 时，触发器状态不定，应避免此种情况发生。表 10-1 所示为基本 RS 触发器的功能表。

基本 RS 触发器也可以用两个"或非门"组成，此时为高电平触发有效。

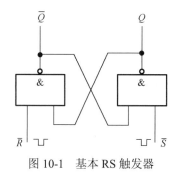

图 10-1 基本 RS 触发器

表 10-1 基本 RS 触发器的功能表

输 入		输 出	
$\overline{S}$	$\overline{R}$	Q^{n+1}	$\overline{Q}^{n+1}$
0	1	1	0
1	0	0	1
1	1	Q^n	$\overline{Q}^n$
0	0	φ	φ

2. JK 触发器

在输入信号为双端的情况下，JK 触发器是功能完善、使用灵活和通用性较强的一种触发器。本实验采用 74LS112 双 JK 触发器，它是下降沿触发的边沿触发器。其引脚排列及逻辑符号如图 10-2 所示。

JK 触发器的状态方程为

$$Q^{n+1} = J\overline{Q}^n + \overline{K}Q^n$$

J 和 K 是数据输入端，是触发器状态更新的依据，若 J、K 有两个或两个以上输入端，则组成"与"的关系。Q 与 $\overline{Q}$ 为两个互补输出端，通常把 $Q=0$、$\overline{Q}=1$ 的状态定为触发器的"0"状态，而把 $Q=1$、$\overline{Q}=0$ 定为"1"状态。

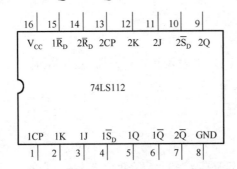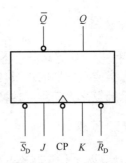

图 10-2　74LS112 双 JK 触发器的引脚排列及逻辑符号

下降沿触发 JK 触发器的功能表如表 10-2 所示。

表 10-2　下降沿触发 JK 触发器的功能表

输　　入					输　　出	
$\overline{S}_D$	$\overline{R}_D$	CP	J	K	Q^{n+1}	$\overline{Q^{n+1}}$
0	1	×	×	×	1	0
1	0	×	×	×	0	1
0	0	×	×	×	φ	φ
1	1	↓	0	0	Q^n	$\overline{Q^n}$
1	1	↓	1	0	1	0
1	1	↓	0	1	0	1
1	1	↓	1	1	Q^n	$\overline{Q^n}$
1	1	↑	×	×	Q^n	$\overline{Q^n}$

注：×表示任意态；↓表示高到低电平跳变；↑表示低到高电平跳变；Q^n 和 $\overline{Q^n}$ 表示现态；Q^{n+1} 和 $\overline{Q^{n+1}}$ 表示次态；φ 表示不定态。

JK 触发器常被用作缓冲存储器、移位寄存器和计数器。

3．D 触发器

在输入信号为单端的情况下，D 触发器用起来最为方便，其状态方程为 $Q^{n+1}=D$，其输出状态的更新发生在 CP 脉冲的上升沿，故又称为上升沿触发的边沿触发器，触发器的状态只取决于时钟到来前 D 端的状态。D 触发器的应用很广，可用于数字信号的寄存、移位寄存、分频和波形发生等。针对各种不同用途，有很多型号可供选用，如双 D 74LS74、四 D 74LS175、六 D 74LS174 等。

图 10-3 所示为双 D 74LS74 的引脚排列及逻辑符号，其功能表如表 10-3 所示。

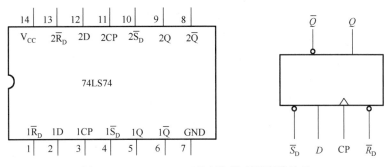

图 10-3　双 D 74LS74 的引脚排列及逻辑符号

表 10-3　双 D 74LS74 的功能表

输　　入				输　出		输　　入				输　出	
$\bar{S}_D$	$\bar{R}_D$	CP	D	Q^{n+1}	$\overline{Q^{n+1}}$	$\bar{S}_D$	$\bar{R}_D$	CP	D	Q^{n+1}	$\overline{Q^{n+1}}$
0	1	×	×	1	0	1	1	↑	1	1	0
1	0	×	×	0	1	1	1	↑	0	0	1
0	0	×	×	φ	φ	1	1	↓	×	Q^n	$\overline{Q^n}$

4．触发器之间的相互转换

在集成触发器的产品中，每种触发器都有自己固定的逻辑功能，但也可以利用转换的方法获得具有其他功能的触发器。例如，将 JK 触发器的 J、K 两端连在一起，并认它为 T 端，就可得到所需的 T 触发器。如图 10-4（a）所示，其状态方程为：$Q^{n+1} = T\overline{Q^n} + \bar{T}Q^n$。

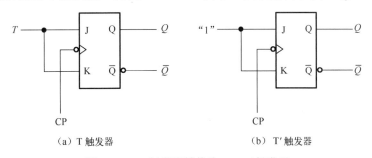

（a）T 触发器　　　　　　　　　（b）T′触发器

图 10-4　JK 触发器转换为 T、T′触发器

T 触发器的功能表如表 10-4 所示。

表 10-4　T 触发器的功能表

输　　入				输　　出
$\bar{S}_D$	$\bar{R}_D$	CP	T	Q^{n+1}
0	1	×	×	1
1	0	×	×	0
1	1	↓	0	Q^n
1	1	↓	1	$\overline{Q^n}$

　　由功能表可见，当 $T=0$ 时，时钟脉冲作用后，其状态保持不变；当 $T=1$ 时，时钟脉冲作用后，触发器状态翻转。所以，若将 T 触发器的 T 端置 "1"，如图 10-4（b）所示，即得 T′ 触发器。在 T′ 触发器的 CP 端每来一个 CP 脉冲信号，触发器的状态就翻转一次，故称之为翻转触发器，被广泛用于计数电路中。

　　同样，若将 D 触发器的 $\overline{Q}$ 端与 D 端相连，便构成 T′ 触发器，如图 10-5 所示。

　　JK 触发器也可转换为 D 触发器，如图 10-6 所示。

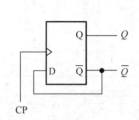

图 10-5　D 触发器转换为 T′ 触发器

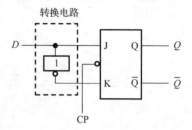

图 10-6　JK 触发器转换为 D 触发器

5. CMOS 触发器

（1）CMOS 边沿型 D 触发器。

CC4013 是由 CMOS 传输门构成的边沿型 D 触发器，它是上升沿触发的双 D 触发器，表 10-5 所示为其功能表，图 10-7 所示为其引脚排列。

表 10-5　双 D 触发器 CC4013 的功能表

输　　入				输　　出
S	R	CP	D	Q^{n+1}
1	0	×	×	1
0	1	×	×	0
1	1	×	×	φ
0	0	↑	1	1
0	0	↑	0	0
0	0	↓	×	Q^n

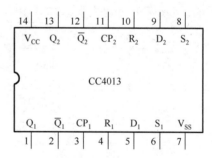

图 10-7　CC4013 的引脚排列

（2）CMOS 边沿型 JK 触发器。

CC4027 是由 CMOS 传输门构成的边沿型 JK 触发器，它是上升沿触发的双 JK 触发器，表 10-6 所示为其功能表，图 10-8 所示为其引脚排列。

　　CMOS 触发器的直接置位、复位输入端 S 和 R 是高电平有效的，当 $S=1$（或 $R=1$）时，触发器将不受其他输入端状态的影响，使触发器直接接置 "1"（或置 "0"）。但直接置位、复位输入端 S 和 R 必须遵守 $RS=0$ 的约束条件。CMOS 触发器在按逻辑功能工作时，S 和 R 必须均置 "0"。

表 10-6　双 JK 触发器 CC4027 的功能表

输　入					输　出
S	R	CP	J	K	Q^{n+1}
1	0	×	×	×	1
0	1	×	×	×	0
1	1	×	×	×	φ
0	0	↑	0	0	Q^n
0	0	↑	1	0	1
0	0	↑	0	1	0
0	0	↑	1	1	$\overline{Q^n}$
0	0	↓	×	×	Q^n

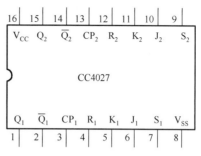

图 10-8　CC4027 的引脚排列

10.1.3　实验设备与元器件

1．+5V 直流电源
2．双踪示波器
3．连续脉冲源
4．单次脉冲源
5．逻辑电平开关
6．逻辑电平显示器
7．74LS112（或 CC4027）、74LS00（或 CC4011）、74LS74（或 CC4013）

10.1.4　实验内容

1．测试基本 RS 触发器的逻辑功能

按图 10-1，用两个"与非门"组成基本 RS 触发器，输入端 $\overline{R}$、$\overline{S}$ 接逻辑电平开关的输出插口，输出端 Q、$\overline{Q}$ 接逻辑电平显示器的输入插口，按表 10-7 要求测试，并记录。

2．测试双 JK 触发器 74LS112 的逻辑功能

（1）测试 $\overline{R}_\mathrm{D}$、$\overline{S}_\mathrm{D}$ 的复位、置位功能。

任取一只 JK 触发器，$\overline{R}_\mathrm{D}$、$\overline{S}_\mathrm{D}$、J、K 端接逻辑电平开关的输出插口，CP 端接单次脉冲源，Q、$\overline{Q}$ 端接至逻辑电平显示器的输入插口。要求改变 $\overline{R}_\mathrm{D}$、$\overline{S}_\mathrm{D}$（J、K、CP 处于任意状态），并在 $\overline{R}_\mathrm{D}=0$（$\overline{S}_\mathrm{D}=1$）或 $\overline{S}_\mathrm{D}=0$（$\overline{R}_\mathrm{D}=1$）作用期间任意改变 J、K 及 CP 的状态，观察 Q、$\overline{Q}$ 状态，自拟表格并记录。

（2）测试 JK 触发器的逻辑功能。

按表 10-8 的要求改变 J、K、CP 端状态，观察 Q、$\overline{Q}$ 状态变化，观察触发器状态更新是否发生在 CP 脉冲的下降沿（由 1 至 0），并记录。

表 10-7　基本 RS 触发器逻辑功能记录表

$\bar{R}$	$\bar{S}$	Q	$\bar{Q}$
1	$1 \to 0$		
	$0 \to 1$		
$1 \to 0$	1		
$0 \to 1$			
0	0		

表 10-8　JK 触发器逻辑功能记录表

J	K	CP	Q^{n+1}	
			$Q^n = 0$	$Q^n = 1$
0	0	$0 \to 1$		
		$1 \to 0$		
0	1	$0 \to 1$		
		$1 \to 0$		
1	0	$0 \to 1$		
		$1 \to 0$		
1	1	$0 \to 1$		
		$1 \to 0$		

（3）将 JK 触发器的 J、K 端连在一起，构成 T 触发器。

在 CP 端输入 1Hz 连续脉冲源，观察 Q 端的变化。

在 CP 端输入 1kHz 连续脉冲源，用双踪示波器观察 CP、Q、$\bar{Q}$ 端波形并描绘，注意相位关系。

3．测试双 D 触发器 74LS74 的逻辑功能

（1）测试 $\bar{R}_D$、$\bar{S}_D$ 的复位、置位功能。

测试方法同实验内容 2 的（1），自拟表格并记录。

（2）测试 D 触发器的逻辑功能。

按表 10-9 要求进行测试，观察触发器状态更新是否发生在 CP 脉冲的上升沿（由 0 至 1），并记录。

（3）将 D 触发器的 $\bar{Q}$ 端与 D 端相连接，构成 T 触发器。

测试方法同实验内容 2 的（3），并记录。

4．双相时钟脉冲电路

用 JK 触发器及"与非门"构成的双相时钟脉冲电路如图 10-9 所示，此电路用来将时钟脉冲 CP 转换成两相时钟脉冲 CP_A 及 CP_B，其频率相同、相位不同。

分析电路工作原理，并按图 10-9 接线，用双踪示波器同时观察 CP、CP_A，CP、CP_B，CP_A、CP_B 波形，并描绘。

表 10-9　D 触发器逻辑功能记录表

D	CP	Q^{n+1}	
		$Q^n = 0$	$Q^n = 1$
0	$0 \to 1$		
	$1 \to 0$		
1	$0 \to 1$		
	$1 \to 0$		

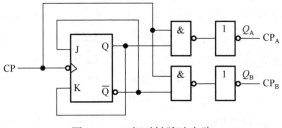

图 10-9　双相时钟脉冲电路

5．乒乓球练习电路

电路功能要求：模拟两名运动员练球时乒乓球的往返运转。

提示：采用双 D 触发器 74LS74 设计实验电路，两个 CP 端触发脉冲分别由两名运动员操作，两个触发器的输出状态用逻辑电平显示器显示。

10.1.5　预习要求

1．复习有关触发器的内容。

2．列出各触发器功能的测试表格。

3．按实验内容 4、5 的要求设计电路，拟定实验方案。

10.1.6　实验报告

1．列表整理各类触发器的逻辑功能。

2．总结观察到的波形，说明触发器的触发方式。

3．体会触发器的应用。

4．用普通的机械开关组成的数据开关所产生的信号是否可作为触发器的时钟脉冲信号？为什么？是否可以用作触发器的其他输入端的信号？为什么？

第 11 章　时序逻辑电路实验

11.1　计数器及其应用

11.1.1　实验目的

1. 学习用集成触发器构成计数器的方法。
2. 掌握中规模集成计数器的使用及功能测试方法。
3. 运用集成计数器构成 $1/N$ 分频器。

11.1.2　实验原理

计数器是一个用以实现计数功能的时序部件，它不仅可用来对脉冲计数，还常用于数字系统的定时、分频和执行数字运算及其他特定的逻辑功能。

计数器种类很多。按构成计数器中的各触发器是否使用同一个时钟脉冲源来分，有同步计数器和异步计数器。根据计数制的不同，可分为二进制计数器、十进制计数器和任意进制计数器。根据计数的增减趋势，可分为加法计数器、减法计数器和可逆计数器。还有可预置数计数器和可编程序功能计数器等。目前，无论是 TTL 还是 CMOS 集成电路，都有品种较齐全的中规模集成计数器。使用者只要借助于器件手册提供的功能表和工作波形图及引出端的排列，就能正确地运用这些器件。

1. 用 D 触发器构成二进制异步加/减法计数器

图 11-1 是用 4 只 D 触发器构成的 4 位二进制异步加法计数器，它的连接特点是将每只 D 触发器都接成 T 触发器，再将低位触发器的 D 端和高一位的 CP 端相连接。

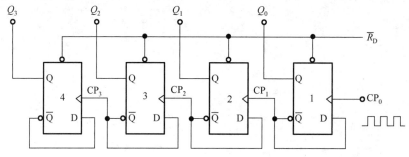

图 11-1　4 位二进制异步加法计数器

若将图 11-1 稍加改动，即将低位触发器的 Q 端与高一位的 CP 端相连接，便构成了一个 4 位二进制减法计数器。

2．中规模十进制计数器

CC40192 是同步十进制可逆计数器，具有双时钟输入，并具有清除和置数等功能，其引脚排列及逻辑符号如图 11-2 所示。

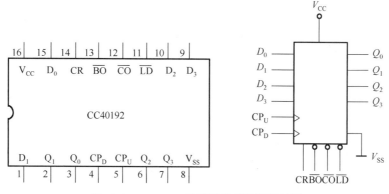

图 11-2　CC40192 的引脚排列及逻辑符号

图中 $\overline{\text{LD}}$ 为置数端，CP_U 为加计数端，CP_D 为减计数端，$\overline{\text{CO}}$ 为非同步进位输出端，$\overline{\text{BO}}$ 为非同步借位输出端，D_0、D_1、D_2、D_3 为计数器输入端，Q_0、Q_1、Q_2、Q_3 为数据输出端，CR 为清除端。

CC40192（同 74LS192，二者可互换使用）的功能表如表 11-1 所示。

表 11-1　CC40192 的功能表

输　　入								输　　出			
CR	$\overline{\text{LD}}$	CP_U	CP_D	D_3	D_2	D_1	D_0	Q_3	Q_2	Q_1	Q_0
1	×	×	×	×	×	×	×	0	0	0	0
0	0	×	×	d	c	b	a	d	c	b	a
0	1	↑	1	×	×	×	×	加计数			
0	1	1	↑	×	×	×	×	减计数			

当清除端 CR 为高电平"1"时，计数器直接清零；CR 置低电平，则执行其他功能。

当 CR 为低电平、$\overline{\text{LD}}$ 也为低电平时，数据直接从 D_0、D_1、D_2、D_3 置入计数器。

当 CR 为低电平、$\overline{\text{LD}}$ 为高电平时，执行计数功能。执行加计数时，减计数端 CP_D 接高电平，计数脉冲由 CP_U 输入，在计数脉冲上升沿进行 8421 BCD 码十进制加法计数。执行减计数时，加计数端 CP_U 接高电平，计数脉冲由 CP_D 输入，表 11-2 所示为 8421 BCD 码十进制加/减法计数器的状态转换表。

3．计数器的级联使用

一个十进制计数器只能表示 0～9 这 10 个数，为了扩大计数范围，常将多个十进制计数器级联使用。

表 11-2　8421 BCD 码十进制加/减法计数器的状态转换表

加计数 →

输入脉冲数		0	1	2	3	4	5	6	7	8	9
输出	Q_3	0	0	0	0	0	0	0	0	1	1
	Q_2	0	0	0	0	1	1	1	1	0	0
	Q_1	0	0	1	1	0	0	1	1	0	0
	Q_0	0	1	0	1	0	1	0	1	0	1

← 减计数

同步计数器往往设有进位（或借位）输出端，故可选用其进位（或借位）输出信号驱动下一级计数器。

图 11-3 所示为由 CC40192 利用进位输出 $\overline{CO}$ 而控制高一位的 CP_U 端构成的级联电路。

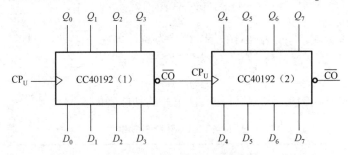

图 11-3　CC40192 级联电路

4．实现任意进制计数

（1）用复位法获得任意进制计数器。

假定已有 N 进制计数器而需要得到一个 M 进制计数器，则只要 $M<N$，用复位法使计数器计数到 M 时置"0"，即获得 M 进制计数器。图 11-4 所示为一个由 CC40192 十进制计数器接成的六进制计数器。

（2）利用预置功能获得 M 进制计数器。图 11-5 所示为用 3 个 CC40192 组成的 421 进制计数器。外加的由"与非门"构成的锁存器可以克服器件计数速度的离散性，保证在反馈置"0"信号作用下计数器能可靠置"0"。

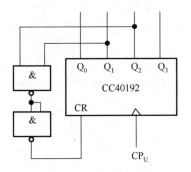

图 11-4　六进制计数器

图 11-6 所示为一个特殊的 12 进制计数器的电路方案。在数字钟里，对时位的计数序列是 1，2，…，11，12，1，…，12，是 12 进制的，且无 0。如图所示，当计数到 13 时，通过"与非门"产生一个复位信号，使 CC40192（2）（时十位）直接置成 0000，而 CC40192（1）（时个位）直接置成 0001，从而实现从 1 到 12 的计数。

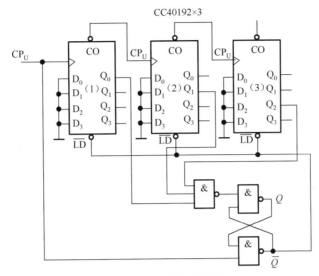

图 11-5　421 进制计数器

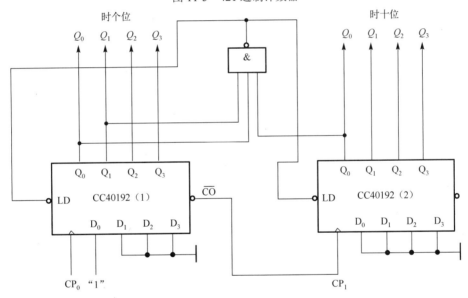

图 11-6　特殊的 12 进制计数器

11.1.3　实验设备与元器件

1．+5V 直流电源
2．双踪示波器
3．连续脉冲源
4．单次脉冲源
5．逻辑电平开关
6．逻辑电平显示器
7．译码显示器

8. CC4013（或 74LS74）×2、CC40192（或 74LS192）×3、CC4011（或 74LS00）、CC4012（或 74LS20）

11.1.4　实验内容

1．用 CC4013（或 74LS74）D 触发器构成 4 位二进制异步加法计数器。

（1）按图 11-1 接线，$\overline{R}_D$ 接至逻辑电平开关的输出插口，将低位 CP_0 端接单次脉冲源，输出端 Q_3、Q_2、Q_1、Q_0 接逻辑电平显示器的输入插口，各 $\overline{S}_D$ 接高电平 "1"。

（2）清零后，逐个送入单次脉冲，观察并列表记录 $Q_3 \sim Q_0$ 的状态。

（3）将单次脉冲改为 1Hz 的连续脉冲，观察 $Q_3 \sim Q_0$ 的状态。

（4）将 1Hz 的连续脉冲改为 1kHz 的连续脉冲，用双踪示波器观察 CP、Q_3、Q_2、Q_1、Q_0 波形，并描绘。

（5）将图 11-1 电路中的低位触发器的 Q 端与高一位的 CP 端相连接，构成减法计数器，按实验内容（2）、（3）、（4）进行实验，观察并列表记录 $Q_3 \sim Q_0$ 的状态。

2．测试 CC40192 或 74LS192 十进制同步可逆计数器的逻辑功能。

计数脉冲由单次脉冲源提供，清除端 CR，置数端 $\overline{LD}$，数据输入端 D_3、D_2、D_1、D_0 分别接逻辑电平开关，输出端 Q_3、Q_2、Q_1、Q_0 接实验设备的一个译码显示输入相应插口；$\overline{CO}$ 和 $\overline{BO}$ 连接逻辑电平显示器的插口。按表 11-1 逐项测试并判断该集成块的功能是否正常。

（1）清除。

令 CR = 1，其他输入为任意态，这时 $Q_3Q_2Q_1Q_0 = 0000$，译码数字显示为 0。清除功能完成后，置 CR = 0。

（2）置数。

CR = 0，CP_U、CP_D 任意，在数据输入端输入任意一组二进制数，令 $\overline{LD} = 0$，观察显示输出和预先设置的数字是否一致，此后置 $\overline{LD} = 1$。

（3）加计数。

CR = 0，$\overline{LD} = CP_U = 1$，CP_D 接单次脉冲源。清零后送入 10 个单次脉冲，观察显示是否按 8421 BCD 码十进制状态转换表进行，输出状态变化是否发生在 CP_U 的上升沿。

（4）减计数。

CR = 0，$\overline{LD} = CP_U = 1$，CP_D 接单次脉冲源。参照（3）进行实验。

3．如图 11-3 所示，用两片 CC40192 组成两位十进制加法计数器，输入 1Hz 连续脉冲，进行由 0 到 99 的累加计数，并记录。

4．将两位十进制加法计数器改为两位十进制减法计数器，实现由 99 到 0 的递减计数，并记录。

5．按图 11-4 所示电路进行实验，并记录。

6．按图 11-5 或图 11-6 进行实验，并记录。

7．设计一个数字钟移位 60 进制计数器并进行实验。

11.1.5　预习要求

1．复习有关计数器部分的内容。

2．绘出各实验内容的详细电路图。

3．拟出各实验内容所需的测试记录表格。

4．查器件手册，给出并熟悉实验所用各集成块的引脚排列。

11.1.6　实验报告

1．画出实验电路图，记录、整理实验现象及实验所得的有关波形，对实验结果进行分析。

2．总结使用集成计数器的体会。

11.2　移位寄存器及其应用

11.2.1　实验目的

1．掌握中规模 4 位双向移位寄存器的逻辑功能及使用方法。

2．熟悉移位寄存器的应用——实现数据的串行/并行转换和构成环形计数器。

11.2.2　实验原理

1．移位寄存器是一个具有移位功能的寄存器，是指寄存器中所存的代码能够在移位脉冲的作用下依次左移或右移。既能左移又能右移的称为双向移位寄存器，只需要改变左移、右移的控制信号，就可实现双向移位。根据移位寄存器存取信息方式的不同，可将其分为串入串出、串入并出、并入串出、并入并出 4 种形式。

本实验选用的 4 位双向通用移位寄存器的型号为 CC40194 或 74LS194，两者的功能相同，可互换使用，其逻辑符号及引脚排列如图 11-7 所示。

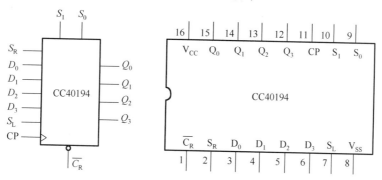

图 11-7　CC40194 的逻辑符号及引脚排列

其中，D_0、D_1、D_2、D_3 为并行输入端；Q_0、Q_1、Q_2、Q_3 为并行输出端；S_R 为右移串行输入端；S_L 为左移串行输入端；S_1、S_0 为操作模式控制端；$\overline{C}_R$ 为直接无条件清零端；CP 为时钟脉冲输入端。

CC40194 有 5 种不同的操作模式：并行送数寄存、右移（方向为 $Q_0 \rightarrow Q_3$）、左移（方向为 $Q_3 \rightarrow Q_0$）、保持及清零。

S_1、S_0 和 $\bar{C}_R$ 端的控制作用如表 11-3 所示。

表 11-3　S_1、S_0 和 $\bar{C}_R$ 端的控制作用

功能	输　入									输　出			
	CP	$\bar{C}_R$	S_1	S_0	S_R	S_L	D_0	D_1	D_2	D_3	Q_0	Q_1	Q_2	Q_3
清除	×	0	×	×	×	×	×	×	×	×	0	0	0	0
送数	↑	1	1	1	×	×	a	b	c	d	a	b	c	d
右移	↑	1	0	1	D_{SR}	×	×	×	×	×	D_{SR}	Q_0	Q_1	Q_2
左移	↑	1	1	0	×	D_{SL}	×	×	×	×	Q_1	Q_2	Q_3	D_{SR}
保持	↑	1	0	0	×	×	×	×	×	×	Q_0^n	Q_1^n	Q_2^n	Q_3^n
保持	↓	1	×	×	×	×	×	×	×	×	Q_0^n	Q_1^n	Q_2^n	Q_3^n

2．移位寄存器的应用范围很广，可构成移位寄存器型计数器、顺序脉冲发生器、串行累加器，可用于数据转换，即把串行数据转换为并行数据，或把并行数据转换为串行数据等。本实验研究移位寄存器用作环形计数器和数据的串行与并行转换。

（1）用作环形计数器。

把移位寄存器的输出反馈到它的串行输入端，就可以进行循环移位，如图 11-8 所示，把输出端 Q_3 和右移串行输入端 S_R 相连接，设初始状态 $Q_0Q_1Q_2Q_3=1000$，则在时钟脉冲的作用下 $Q_0Q_1Q_2Q_3$ 将依次变为 $0100 \rightarrow 0010 \rightarrow 0001 \rightarrow 1000 \rightarrow \cdots\cdots$如表 11-4 所示，可见它是一个具有 4 个有效状态的计数器，这种类型的计数器通常称为环形计数器。图 11-8 所示的电路可以由各输出端输出在时间上有先后顺序的脉冲，因此也可作为顺序脉冲发生器。

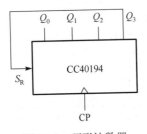

图 11-8　环形计数器

表 11-4　环形计数器的功能表

CP	Q_0	Q_1	Q_2	Q_3
0	1	0	0	0
1	0	1	0	0
2	0	0	1	0
3	0	0	0	1

如果将输出 Q_0 与左移串行输入端 S_L 相连接，即可实现左移循环移位。

（2）实现数据的串行与并行转换。

①　串行/并行转换器

串行/并行转换是指串行输入的数码，经转换电路之后转换成并行输出。图 11-9 所示为用两片 4 位双向移位寄存器 CC40194 组成的 7 位串行/并行转换器。

电路中 S_0 接高电平 1，S_1 受 Q_7 的控制，两片移位寄存器连接成串行输入右移工作模式。Q_7 是转换结束标志：当 $Q_7=1$ 时，$S_1=0$，使之成为 $S_1S_0=01$ 的串行输入右移工作模式；当 $Q_7=0$ 时，$S_1=1$，有 $S_1S_0=11$，则串行送数结束，标志着串行输入的数据已转换成并行输出的数据了。

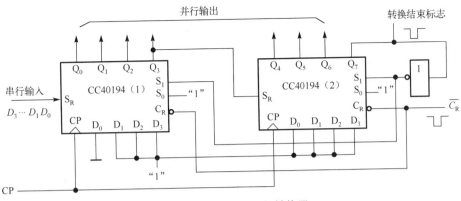

图 11-9　7 位串行/并行转换器

串行/并行转换的具体过程如下：转换前，$\overline{C}_R$ 接低电平，使（1）、（2）两片移位寄存器的内容清零，此时 $S_1 S_0 = 11$，移位寄存器执行并行输入工作模式。第一个 CP 脉冲到来后，移位寄存器的输出状态 $Q_0 \sim Q_7$ 为 01111111，与此同时 $S_1 S_0$ 变为 01，转换电路处于串行输入右移工作模式，串行输入数据由（1）片的 S_R 端加入。随着 CP 脉冲的依次加入，并行输出状态的变化可列成表 11-5。

表 11-5　并行输出状态变化表

CP	Q_0	Q_1	Q_2	Q_3	Q_4	Q_5	Q_6	Q_7	说明
0	0	0	0	0	0	0	0	0	清零
1	0	1	1	1	1	1	1	1	送数
2	D_0	0	1	1	1	1	1	1	右移操作7次
3	D_1	D_0	0	1	1	1	1	1	
4	D_2	D_1	D_0	0	1	1	1	1	
5	D_3	D_2	D_1	D_0	0	1	1	1	
6	D_4	D_3	D_2	D_1	D_0	0	1	1	
7	D_5	D_4	D_3	D_2	D_1	D_0	0	1	
8	D_6	D_5	D_4	D_3	D_2	D_1	D_0	0	
9	0	1	1	1	1	1	1	1	送数

由表 11-5 可见，右移操作 7 次之后，Q_7 变为 0，$S_1 S_0$ 又变为 11，说明串行输入结束。这时，串行输入的数据已经转换成并行输出的数据了。

当再来一个 CP 脉冲时，电路又重新执行一次并行输入，为第二组串行数据转换做准备。

② 并行/串行转换器

并行/串行转换器是指并行输入的数据经转换电路之后，转换成串行输出的数据。

图 11-10 所示为用两片 CC40194 组成的 7 位并行/串行转换器，它比图 11-9 多了两只与非门 G_1 和 G_2，电路工作模式同样为右移。

移位寄存器清零后，应加一个转换启动信号（负脉冲或低电平）。此时，由于操作模式控制端 $S_1 S_0$ 为 11，因此转换电路执行并行输入操作。在第一个 CP 脉冲到来后，

$Q_0Q_1Q_2Q_3Q_4Q_5Q_6Q_7$ 的状态为 $D_0D_1D_2D_3D_4D_5D_6D_7$，并行输入数据存入移位寄存器，从而使得 G_1 的输出为 1，G_2 的输出为 0，结果 S_1S_0 变为 01，转换电路随着 CP 脉冲的加入开始执行右移串行输出，随着 CP 脉冲的持续加入，输出状态依次右移，待右移操作 7 次后，$Q_0 \sim Q_6$ 的状态都为高电平 1，与非门 G_1 的输出为低电平，G_2 的输出为高电平，S_1S_2 又变为 11，表示并行/串行转换结束，且为第二次并行输入创造条件。转换过程如表 11-6 所示。

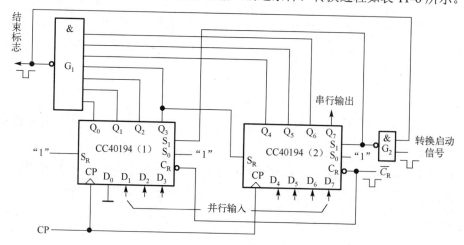

图 11-10　7 位并行/串行转换器

表 11-6　并行/串行转换过程

CP	Q_0	Q_1	Q_2	Q_3	Q_4	Q_5	Q_6	Q_7	串行输出						
0	0	0	0	0	0	0	0	0							
1	0	D_1	D_2	D_3	D_4	D_5	D_6	D_7							
2	1	0	D_1	D_2	D_3	D_4	D_5	D_6	D_7						
3	1	1	0	D_1	D_2	D_3	D_4	D_5	D_6	D_7					
4	1	1	1	0	D_1	D_2	D_3	D_4	D_5	D_6	D_7				
5	1	1	1	1	0	D_1	D_2	D_3	D_4	D_5	D_6	D_7			
6	1	1	1	1	1	0	D_1	D_2	D_3	D_4	D_5	D_6	D_7		
7	1	1	1	1	1	1	0	D_1	D_2	D_3	D_4	D_5	D_6	D_7	
8	1	1	1	1	1	1	1	0	D_1	D_2	D_3	D_4	D_5	D_6	D_7
9	0	D_1	D_2	D_3	D_4	D_5	D_6	D_7							

中规模集成移位寄存器的位数往往以 4 位居多，当需要的位数大于 4 时，可将几片移位寄存器用级联的方法来扩展位数。

11.2.3　实验设备与元器件

1. +5V 直流电源
2. 单次脉冲源
3. 逻辑电平开关

4．逻辑电平显示器

5．CC40194（或 74LS194）×2、CC4011（或 74LS00）、CC4068（或 74LS30）

11.2.4　实验内容

1．测试 CC40194（或 74LS194）的逻辑功能

按图 11-11 接线，$\overline{C}_R$、S_1、S_0、S_L、S_R、D_0、D_1、D_2、D_3 分别接至逻辑电平开关的输出插口，Q_0、Q_1、Q_2、Q_3 接至逻辑电平显示器的输入插口，CP 端接单次脉冲源。按表 11-7 所规定的输入状态逐项进行测试。

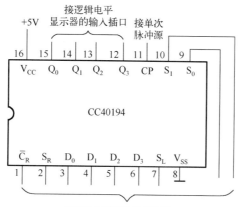

图 11-11　CC40194 逻辑功能测试

表 11-7　CC40194 输出状态表

清除	模式		时钟	串行		输入	输出	功能总结
$\overline{C}_R$	S_1	S_0	CP	S_L	S_R	$D_0\ D_1\ D_2\ D_3$	$Q_0\ Q_1\ Q_2\ Q_3$	
0	×	×	×	×	×	× × × ×		
1	1	1	↑	×	×	$a\ \ b\ \ c\ \ d$		
1	0	1	↑	×	×	× × × ×		
1	0	1	↑	×	1	× × × ×		
1	0	1	↑	×	0	× × × ×		
1	0	1	↑	×	0	× × × ×		
1	1	0	↑	1	×	× × × ×		
1	1	0	↑	1	×	× × × ×		
1	1	0	↑	1	×	× × × ×		
1	1	0	↑	1	×	× × × ×		
1	0	0	↑	×	×	× × × ×		

（1）清除：令 $\overline{C}_R = 0$，其他输入均为任意态，这时移位寄存器的输出 Q_0、Q_1、Q_2、Q_3 应均为 0。清除后，置 $\overline{C}_R = 1$。

（2）送数：$\overline{C}_R = S_1 = S_0 = 1$，送入任意 4 位二进制数，如 $D_0 D_1 D_2 D_3 = abcd$，加 CP 脉

冲，观察 CP = 0、CP 由 0 到 1、CP 由 1 到 0 这 3 种情况下移位寄存器输出状态的变化，观察移位寄存器输出状态变化是否发生在 CP 脉冲的上升沿。

（3）右移：清零后，令 $\overline{C}_R = 1$，$S_1 = S_0 = 1$，由右移串行输入端 S_R 送入二进制数据，如 0100，由 CP 端连续加 4 个脉冲，观察输出端情况，并记录。

（4）左移：先清零或预置，再令 $\overline{C}_R = 1$，$S_1 = S_0 = 1$，由左移串行输入端 S_L 送入二进制数据，如 1111，连续加 4 个 CP 脉冲，观察输出端情况，并记录。

（5）保持：移位寄存器预置任意 4 位二进制数据 $abcd$，$\overline{C}_R = 1$，$S_1 = S_0 = 1$，加 CP 脉冲，观察移位寄存器的输出状态，并记录。

表 11-8　环形计数器输出状态变化表

CP	Q_0	Q_1	Q_2	Q_3
0	0	1	0	0
1				
2				
3				
4				

2．环形计数器

按图 11-9 接线，用并行送数法设置移位寄存器为某二进制数（如 0100），然后进行右移循环，观察移位寄存器输出状态的变化，记入表 11-8。

3．实现数据的串行、并行转换

（1）串行输入、并行输出。

按图 11-9 接线，进行右移串入、并出实验，串入数据自定；改接电路用左移方式实现并行输出。自拟表格，并记录。

（2）并行输入、串行输出。

按图 11-10 接线，进行右移并入、串出实验，并入数据自定；再改接电路用左移方式实现串行输出。自拟表格，并记录。

11.2.5　预习要求

1．复习与移位寄存器及串行、并行转换器有关的内容。

2．查阅 CC40194、CC4011 及 CC4068 逻辑电路，熟悉其逻辑功能及引脚排列。

3．在对 CC40194 进行送数后，若要使输出端改成其他的数据，是否一定要使移位寄存器清零？

4．使移位寄存器清零，除采用输入低电平外，可否采用右移或左移的方法？可否使用并行送数法？若可行，则如何进行操作？

5．若进行循环左移，对图 11-10 电路应如何改接？

6．画出用两片 CC40194 构成的 7 位左移串行/并行转换器的电路。

7．画出用两片 CC40194 构成的 7 位左移并行/串行转换器的电路。

11.2.6　实验报告

1．分析表 11-6 的实验结果，总结移位寄存器 CC40194 的逻辑功能并写入表 11-7 的功能总结一栏中。

2．根据实验内容 2 的结果，画出 4 位环形计数器的状态转换图及波形图。

3．分析串行/并行转换器、并行/串行转换器所得结果的正确性。

第12章 脉冲波形的变换和产生实验

12.1 脉冲分配器及其应用

12.1.1 实验目的

1. 熟悉集成时序脉冲分配器的使用方法及其应用。
2. 学习步进电机的环形脉冲分配器的组成方法。

12.1.2 实验原理

1. 脉冲分配器

脉冲分配器的作用是产生多路顺序脉冲信号，它可以由计数器和译码器组成，也可以由环形计数器构成，图12-1中CP端的系列脉冲经 N 位二进制计数器和相应的译码器，可以转换为 2^N 路顺序输出脉冲。

2. 集成时序脉冲分配器 CC4017

CC4017 是由 BCD 码计数器、时序译码器组成的脉冲分配器，其逻辑符号如图 12-2 所示，功能表如表 12-1 所示。

CO——进位脉冲输出端　　CP——时钟输入端　　CR——清除端

INH——禁止端　　$Q_0 \sim Q_9$——计数脉冲输出端

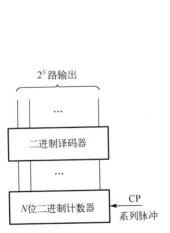

图 12-1　脉冲分配器的组成

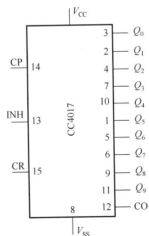

图 12-2　CC4017 的逻辑符号

表 12-1 CC4017 的功能表

输　　入			输　　出	
CP	INH	CR	$Q_0 \sim Q_9$	CO
×	×	1	Q_0	计数脉冲为 $Q_0 \sim Q_4$ 时：CO = 1 计数脉冲为 $Q_5 \sim Q_9$ 时：CO = 0
↑	0	0	计数	
1	↓	0		
0	×	0	保持	
×	1	0		
↓	×	0		
×	↑	0		

CC4017 的波形图如图 12-3 所示。

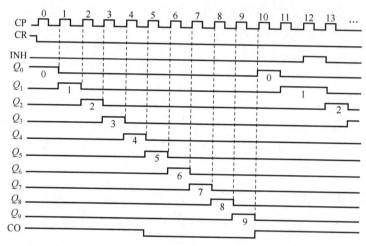

图 12-3 CC4017 的波形图

CC4017 应用十分广泛，可用于十进制计数、分频、$1/N$ 计数（$N = 2 \sim 10$ 时只需用一块，$N > 10$ 时需用多块器件级联）。图 12-4 所示为由两片 CC4017 组成的 60 分频电路。

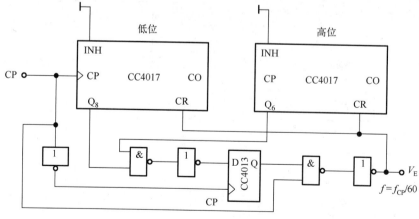

图 12-4 60 分频电路

3. 步进电机的环形脉冲分配器

图 12-5 所示为某三相步进电机的驱动电路示意图。

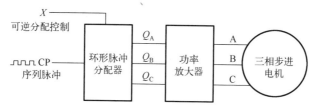

图 12-5　三相步进电机的驱动电路示意图

A、B、C 分别表示步进电机的三相绕组。步进电机按三相六拍方式运行，即要求步进电机正转时，控制端 $X = 1$，使电机三相绕组的通电顺序为

$$A \rightarrow AB \rightarrow B \rightarrow BC \rightarrow C \rightarrow CA$$

要求步进电机反转时，令控制端 $X = 0$，三相绕组的通电顺序变为

$$A \rightarrow AC \rightarrow C \rightarrow BC \rightarrow B \rightarrow AB$$

图 12-6 所示为由三个 JK 触发器构成的六拍通电方式的环形脉冲分配器。

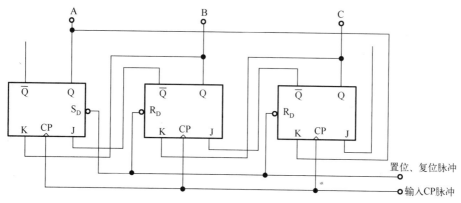

图 12-6　六拍通电方式的环形脉冲分配器

要使步进电机反转，通常应加正转脉冲输入控制端和反转脉冲输入控制端。

此外，由于步进电机三相绕组在任何时刻都不得出现 A、B、C 三相同时通电或同时断电的情况，所以，环形脉冲分配器的三路输出不允许出现 111 和 000 两种状态，为此，可以给电路加初态预置环节。

12.1.3　实验设备与元器件

1. +5V 直流电源
2. 双踪示波器
3. 连续脉冲源
4. 单次脉冲源

5．逻辑电平开关
6．逻辑电平显示器
7．CC4017×2、CC4013×2、CC4027×2、CC4011×2、CC4085×2

12.1.4　实验内容

1．CC4017 逻辑功能测试。

（1）参照图 12-2，INH、CR 接逻辑电平开关的输出插口，CP 接单次脉冲源，$Q_0 \sim Q_9$ 这 10 个输出端接至逻辑电平显示器的输入插口，按功能表要求操作各逻辑电平开关。清零后，连续送出 10 个脉冲信号，观察 10 个发光二极管的显示状态，并列表记录。

（2）将 CP 改接 1Hz 连续脉冲，观察并记录输出状态。

2．按图 12-4 接线，自拟实验方案验证 60 分频电路的正确性。

3．参照图 12-6 的电路，设计一个由环形脉冲分配器构成的驱动三相步进电机可逆运行的三相六拍环形脉冲分配器电路，要求：

（1）环形脉冲分配器用 CC4013 双 D 触发器、CC4085 与或非门组成；

（2）电机三相绕组在任何时刻都不应出现同时通电或同时断电的情况，在设计中要做到这一点；

（3）电路安装好后，先通过手动控制送入 CP 脉冲进行调试，然后加入系列脉冲进行动态实验；

（4）整理数据，分析实验中出现的问题，写出实验报告。

12.1.5　预习要求

1．复习有关脉冲分配器的原理。
2．按实验任务要求设计实验电路，并拟定实验方案及步骤。

12.1.6　实验报告

1．画出完整的实验电路。
2．总结并分析实验结果。

12.2　自激多谐振荡器——使用门电路产生脉冲信号

12.2.1　实验目的

1．掌握使用门电路构成脉冲信号产生电路的基本方法。
2．掌握影响输出脉冲波形参数的定时元件数值的计算方法。
3．学习石英晶体稳频原理和使用石英晶体构成振荡器的方法。

12.2.2　实验原理

"与非门"作为一个开关倒相器件，可用来构成各种脉冲波形的产生电路。电路的基本工作原理是利用电容的充放电，当输入电压达到"与非门"的阈值电压 V_T 时，门的输出状态即发生变化。因此，电路输出的脉冲波形参数直接取决于电路中阻容元件的数值。

1. 非对称型多谐振荡器

非对称型多谐振荡器如图 12-7 所示，"与非门" G_3 用于输出波形的整形。非对称型多谐振荡器的输出波形是不对称的，当用 TTL "与非门"组成时，输出脉冲宽度为

$$t_{w1} = RC \qquad t_{w2} = 1.2RC \qquad T = t_{w1} + t_{w2} = 2.2RC$$

通过调节 R 和 C 值，可改变输出信号的振荡频率，通常改变 C 来实现输出频率的粗调，改变 R 来实现输出频率的细调。

2. 对称型多谐振荡器

对称型多谐振荡器如图 12-8 所示，由于电路完全对称，电容的充放电时间常数相同，因此输出为对称的方波。通过改变 R 和 C 值，可以改变输出频率。"与非门" G_3 用于输出波形的整形。

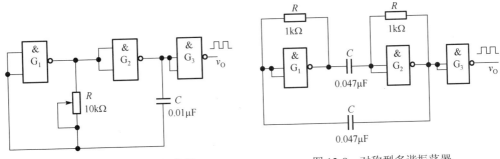

图 12-7　非对称型多谐振荡器　　　　图 12-8　对称型多谐振荡器

一般取 $R \leqslant 1\text{k}\Omega$，当 $R = 1\text{k}\Omega$，$C = 100\text{pF} \sim 100\mu\text{F}$ 时，f 为几赫兹到几兆赫兹，输出脉冲宽度为

$$t_{w1} = t_{w2} = 0.7RC, \quad T = t_{w1} + t_{w2} = 1.4RC$$

3. 带 RC 电路的环形振荡器

带 RC 电路的环形振荡器如图 12-9 所示，"非门" G_4 用于输出波形的整形，R 为限流电阻，一般取 100Ω，电位器 R_P 要求不大于 $1\text{k}\Omega$，电路利用电容 C 的充放电过程控制 D 点电压 V_D，从而控制"与非门"的自动启闭，形成多谐振荡，电容 C 的充电时间 t_{w1}、放电时间 t_{w2} 和总的振荡周期 T 分别为

$$t_{w1} \approx 0.94RC, \ t_{w2} \approx 1.26RC, \ T = t_{w1} + t_{w2} \approx 2.2RC$$

通过调节 R 和 C 的大小可改变电路的输出频率。

以上这些电路的状态转换都发生在"与非门"输入电平达到门的阈值电平 V_T 的时刻。在 V_T 附近电容的充放电速度已经缓慢，而且 V_T 本身也不够稳定，易受温度、电源电压变化等因素及干扰的影响，因此电路输出频率的稳定性较差。

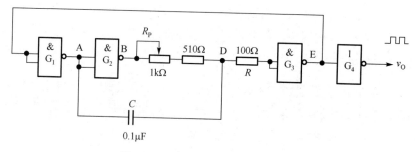

图 12-9　带 RC 电路的环形振荡器

4. 石英晶体稳频的多谐振荡器

当要求多谐振荡器的工作频率的稳定性很高时，上述几种多谐振荡器的精度已不能满足要求。为此常用石英晶体作为信号频率的基准，由石英晶体与门电路构成的多谐振荡器常用来为微型计算机等提供时钟信号。

图 12-10 所示为常用的石英晶体稳频的多谐振荡器。图 12-10（a）、（b）为由 TTL 器件组成的多谐振荡器；图 12-10（c）、（d）为由 CMOS 器件组成的多谐振荡器，一般用于电子表中，其中晶体的 $f_0 = 32768\text{Hz}$。

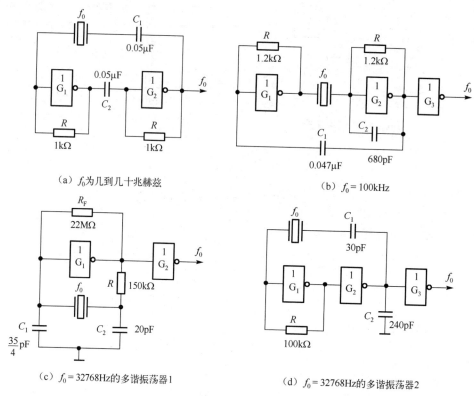

（a）f_0 为几到几十兆赫兹

（b）$f_0 = 100\text{kHz}$

（c）$f_0 = 32768\text{Hz}$ 的多谐振荡器 1

（d）$f_0 = 32768\text{Hz}$ 的多谐振荡器 2

图 12-10　石英晶体稳频的多谐振荡器

图 12-10（c）中，G_1 用于振荡，G_2 用于缓冲整形。R_F 是反馈电阻，通常为几十兆欧，

一般选 22MΩ；R 起稳定振荡作用时，通常取十至几百千欧；C_1 是频率微调电容，C_2 用于温度特性校正。

12.2.3　实验设备与元器件

1．+5V 直流电源
2．双踪示波器
3．数字频率计
4．74LS00（或 CC4011）
5．32768Hz 石英晶体（晶振）
6．电位器，电阻、电容若干

12.2.4　实验内容

1．用"与非门" 74LS00 按图 12-7 构成多谐振荡器，其中 R 为 10kΩ 电位器，C 为 0.01μF 电容。

（1）用双踪示波器观察输出波形及电容 C 两端的电压波形，列表并记录。

（2）调节电位器观察输出波形的变化，测出上限频率、下限频率。

（3）将一只 100μF 电容跨接在 74LS00 的 14 脚与 7 脚的最近处，观察输出波形的变化及电源上纹波信号的变化，并记录。

2．用 74LS00 按图 12-8 接线，取 $R = 1$kΩ，$C = 0.047$μF，用双踪示波器观察输出波形，并记录。

3．用 74LS00 按图 12-9 接线，其中 R_p 用一个 510Ω 与一个 1kΩ 的电位器串联，取 $R = 100$Ω，$C = 0.1$μF。

（1）R_p 调到最大时，观察并记录 A、B、D、E 及 v_O 各点电压的波形，测出 v_O 的周期 T 和负脉冲宽度（电容 C 的充电时间）并与理论计算值比较。

（2）改变 R_p 值，观察输出信号 v_O 波形的变化情况。

4．按图 12-10（c）接线，晶振选用电子表晶振（32768Hz），"与非门"选用 CC4011，用双踪示波器观察输出波形，用数字频率计测量输出信号的频率，并记录。

12.2.5　预习要求

1．复习自激多谐振荡器的工作原理。
2．画出实验用的详细实验电路图。
3．拟好实验数据表格等。

12.2.6　实验报告

1．画出实验电路，整理实验数据并与理论计算值进行比较。
2．用方格纸画出实验观测到的工作波形图，对实验结果进行分析。

12.3　单稳态触发器与施密特触发器——脉冲延时与波形整形电路

12.3.1　实验目的

1. 掌握使用集成门电路构成单稳态触发器的基本方法。
2. 熟悉单稳态触发器的逻辑功能及其使用方法。
3. 熟悉施密特触发器的性能及其应用。

12.3.2　实验原理

在数字电路中常使用矩形脉冲作为信号进行信息传输，或作为时钟信号用来控制和驱动电路，使各部分协调动作。实验 12.2 的内容是自激多谐振荡器，它是不需要外加信号触发的矩形波发生器。还有一类是他激多谐振荡器，有单稳态触发器，它需要在外加触发信号的作用下输出具有一定宽度的矩形波；还有施密特触发器（整形电路），它可对外加输入的正弦波等波形进行整形，使电路输出矩形波。

1. 用"与非门"组成单稳态触发器

利用"与非门"作开关，依靠 RC 电路的充放电路来控制"与非门"的启闭。单稳态触发器有微分型与积分型两大类，这两类触发器对触发脉冲的极性与宽度有不同的要求。

（1）微分型单稳态触发器。

微分型单稳态触发器如图 12-11 所示。

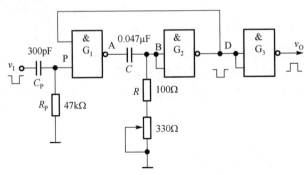

图 12-11　微分型单稳态触发器

该电路为负脉冲触发，其中 R_p、C_p 构成输入端微分隔直电路。R、C 构成微分型定时电路，定时元件 R、C 的取值不同，输出脉宽 t_w 也不同，$t_w \approx (0.7 \sim 1.3)RC$。"与非门" G_3 起整形、倒相作用。

图 12-12 所示为微分型单稳态触发器的波形图，下面结合波形图说明其工作原理。

① 无外加触发脉冲时电路初始稳态 $t < t_1$ 前状态。

稳态时 v_1 为高电平，适当选择电阻 R 的阻值，使 "与非门" G_2 的输入电压 v_B 小于门的关门电平（$v_B < V_{off}$），则 G_2 关闭，输出电压 v_D 为高电平。适当选择电阻 R_p 的阻值，使 "与非门" G_1 的输入电压 v_P 大于门的开门电平（$v_P > V_{on}$），于是 G_1 的两个输入端全为高电平，则 G_1 开启，输出电压 v_A 为低电平（为方便计，取 $V_{off} = V_{on} = V_T$）。

② 触发翻转 $t = t_1$ 时刻。

v_1 负跳变，v_P 也负跳变，G_1 的输出电压 v_A 升高，经电容 C 耦合，v_B 也升高，G_2 的输出电压 v_D 降低，正反馈到 G_1 的输入端，结果使 G_1 的输出电压 v_A 由低电平迅速上跳至高电平，G_1 迅速关闭；v_B 也上跳至高电平，G_2 的输出电压 v_D 则迅速下跳至低电平，G_2 迅速开启。

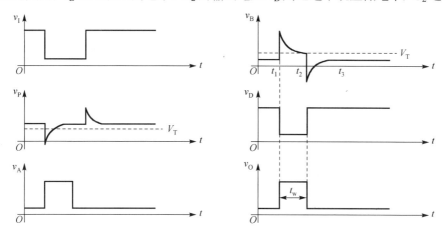

图 12-12　微分型单稳态触发器的波形图

③ 暂稳态 $t_1 < t < t_2$。

$t > t_1$ 以后，G_1 输出高电平，对电容 C 充电，v_B 随之按指数规律下降，但只要 $v_B > V_T$，G_1 关闭、G_2 开启的状态将维持不变，v_A、v_D 也维持不变。

④ 自动翻转 $t = t_2$。

$t = t_2$ 时刻，v_B 下降至门的关门电平 V_T，G_2 的输出电压 v_D 升高，G_1 的输出电压 v_A 的正反馈作用使电路迅速翻转至 G_1 开启、G_2 关闭的初始稳态。

暂稳态时间的长短取决于电容 C 的充电时间常数 $t = RC$。

⑤ 恢复过程 $t_2 < t < t_3$。

电路自动翻转到 G_1 开启、G_2 关闭后，v_B 不立即回到初始稳态值，这是因为电容 C 要有一个放电过程。

$t > t_3$ 以后，若 v_1 再出现负跳变，则电路将重复上述过程。

如果输入脉冲宽度较小，则输入端可省去 R_p、C_p 所构成的微分隔直电路。

（2）积分型单稳态触发器。

积分型单稳态触发器如图 12-13 所示。

电路采用正脉冲触发，波形图如图 12-14 所示。电路的稳定条件是 $R \leqslant 1k\Omega$，输出脉冲宽度 $t_w \approx 1.1RC$。

单稳态触发器的共同特点是：触发脉冲未加入时，电路处于稳态，此时可以测得各门的输入电位和输出电位。触发脉冲加入后，电路立刻进入暂稳态，暂稳态的时间（输出脉冲的宽度 t_w ）只取决于 RC 数值的大小，与触发脉冲无关。

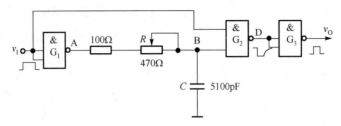

图 12-13　积分型单稳态触发器

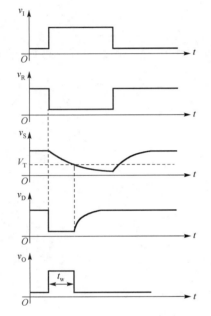

图 12-14　积分型单稳态触发器的波形图

用"与非门"可组成施密特触发器，施密特触发器能对正弦波、三角波等信号进行整形，并输出矩形波，图 12-15（a）、（b）是两种典型的电路。图 12-15（a）中，门 G_1、G_2 是基本 RS 触发器，门 G_3 是反相器，二极管 VD 起电平偏移作用，以产生回差电压，其工作情况如下：设 $v_I = 0$，G_3 截止，$R = 1$，$S = 0$，$Q = 1$，$\bar{Q} = 0$，电路处于原态。当 v_I 由 0V 上升到电路的接通电位 V_T 时，G_3 导通，$R = 0$，$S = 1$，触发器翻转为 $Q = 0$、$\bar{Q} = 1$ 的新状态。此后 v_I 继续上升，电路状态不变。在 v_I 由最大值下降到 V_T 的时间内，R 仍等于 0，$S = 1$，电路状态也不变。当 $v_I \leq V_T$ 时，G_3 由导通变为截止，而 $v_S = V_T + v_D$ 为高电平，因而 $R = 1$，$S = 1$，触发器状态仍保持。只有 v_I 降至使 $v_S = V_T$ 时，电路才翻回到 $Q = 1$、$\bar{Q} = 0$ 的原态。电路的回差 $\Delta V = v_D$。

图 12-15（b）是由电阻 R_1、R_2 产生回差的电路。

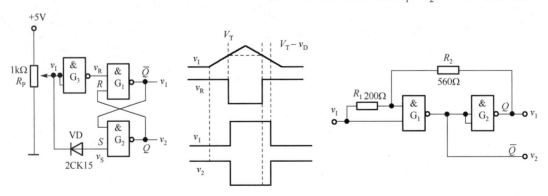

（a）由二极管VD产生回差的电路　　　　　　　　　　（b）由电阻R_1、R_2产生回差的电路

图 12-15　"与非门"组成的施密特触发器

2. 集成单稳态触发器 CC14528（CC4098）

（1）CC14528 的逻辑符号及功能表。

图 12-16 所示为 CC14528 的逻辑符号及功能表。该器件能提供稳定的单脉冲，脉宽由外部电阻 R_X 和外部电容 C_X 决定，调整 R_X 和 C_X 可使 Q 端和 $\overline{Q}$ 端的输出脉冲有一个较宽的范围。CC14528 可用上升沿触发（+TR），也可用下降沿触发（–TR），为使用带来很大的方便。在正常工作时，电路应由每个新脉冲去触发。当使用上升沿触发时，为防止重复触发，Q 端必须连到–TR 端。同样，在使用下降沿触发时，Q 端必须连到+TR 端。

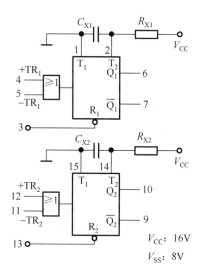

输　　入			输　　出	
+TR	–TR	$\overline{R}$	Q	$\overline{Q}$
⌐	1	1	⊓	⊔
⌐	0	1	Q	$\overline{Q}$
1	⌐	1	Q	$\overline{Q}$
0	⌐	1	⊓	⊔
×	×	0	0	1

图 12-16　CC14528 的逻辑符号及功能表

该单稳态触发器的周期 $T = R_X C_X$。所有的输出级都有缓冲级，以提供较大的驱动电流。

（2）应用举例。

① 实现脉冲延迟，如图 12-17 所示。

② 实现多谐振荡，如图 12-18 所示。

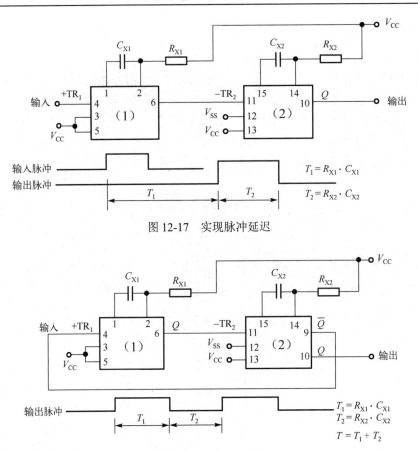

图 12-17　实现脉冲延迟

图 12-18　实现多谐振荡

3. 集成六施密特触发器 CC40106

图 12-19 所示为 CC40106 的逻辑符号，它可用于波形的整形，也可用作反相器或构成单稳态触发器和多谐振荡器。

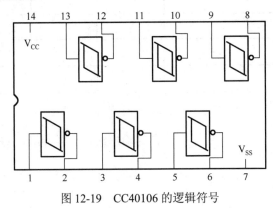

图 12-19　CC40106 的逻辑符号

（1）将正弦波转换为方波，如图 12-20 所示。

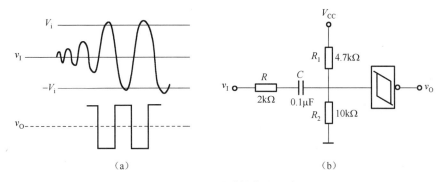

图 12-20　正弦波转换为方波

（2）构成多谐振荡器，如图 12-21 所示。

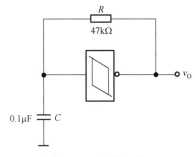

图 12-21　多谐振荡器

（3）构成单稳态触发器。

图 12-22（a）所示为下降沿触发的单稳态触发器，图 12-22（b）所示为上升沿触发的单稳态触发器。

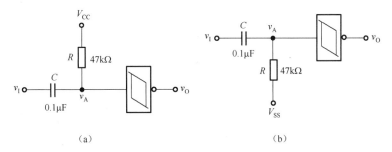

图 12-22　单稳态触发器

12.3.3　实验设备与元器件

1．+5V 直流电源

2．双踪示波器

3．连续脉冲源

4．数字频率计

5．CC4011、CC14528、CC40106、2CK15

6. 电位器，电阻、电容若干

12.3.4　实验内容

1. 按图 12-11 接线，输入频率为 1kHz 的连续脉冲，用双踪示波器观察 v_1、v_P、v_A、v_B、v_D 及 v_O 的波形，并记录。

2. 改变 C 或 R 值，重复 1 的实验内容。

3. 按图 12-13 接线，重复 1 的实验内容。

4. 按图 12-15（a）接线，令 v_1 由 0 到 5V 变化，测量 v_1、v_2 的值。

5. 按图 12-17 接线，输入频率为 1kHz 的连续脉冲，用双踪示波器观测输入、输出波形，测定 T_1 与 T_2。

6. 按图 12-18 接线，用双踪示波器观测输出波形，测定振荡频率。

7. 按图 12-21 接线，用双踪示波器观测输出波形，测定振荡频率。

8. 按图 12-20 接线，构成整形电路，被整形信号可由音频信号源提供，图中串联的 $2\,k\Omega$ 电阻起限流保护作用。将正弦信号的频率设为 1kHz，调节信号电压由低到高，观测输出波形的变化。记录输入信号为 0V、0.25V、0.5V、1.0V、1.5V、2.0V 时的输出波形，并记录。

9. 分别按图 12-22（a）、（b）接线，进行实验。

12.3.5　预习要求

1. 复习有关单稳态触发器和施密特触发器的内容。
2. 画出实验用的详细电路图。
3. 拟定各次实验的方法、步骤。
4. 拟好和记录实验结果所需的表格、数据等。

12.3.6　实验报告

1. 绘出实验电路图，用方格纸记录波形。
2. 分析各次实验结果的波形，验证有关的理论。
3. 总结单稳态触发器和施密特触发器的特点及其应用。

12.4　555 集成时基电路及其应用

12.4.1　实验目的

1. 熟悉 555 集成时基电路的结构、工作原理及特点。
2. 掌握 555 集成时基电路的基本应用。

12.4.2　实验原理

555 集成时基电路又称为集成定时器或 555 电路，是一种数字、模拟混合型的中规模集成电路，应用十分广泛。它是一种可产生时间延迟和多种脉冲信号的电路，由于内部基极电位接在由 3 个 5kΩ 电阻组成的分压器的上端，故取名 555 电路。其电路类型有双极型和 CMOS 型两大类，两类的结构与工作原理类似。几乎所有的双极型产品型号最后的 3 位数码都是 555 或 556，所有的 CMOS 型产品型号最后的 4 位数码都是 7555 或 7556，二者的逻辑功能和引脚排列完全相同，易于互换。555 和 7555 是单定时器，556 和 7556 是双定时器。双极型 555 电路的电源电压 $V_{CC} = +5 \sim +15V$，输出的最大电流可达 200mA，CMOS 型 555 电路的电源电压为 $+3 \sim +18V$。

1. 555 电路的工作原理

555 电路的内部框图及引脚排列如图 12-23 所示。它含有两个电压比较器、一个基本 RS 触发器、一个放电开关管 VT，比较器的参考电压由 3 个 5kΩ 电阻构成的分压器提供，它们分别使高电平比较器 A_1 的同相输入端和低电平比较器 A_2 的反相输入端的参考电平为 $\frac{2}{3}V_{CC}$ 和 $\frac{1}{3}V_{CC}$。A_1 与 A_2 的输出端控制 RS 触发器的状态和放电开关管的状态。当输入信号自 6 脚（高电平触发）输入并超过参考电平 $\frac{2}{3}V_{CC}$ 时，触发器复位，555 电路的输出端 3 脚输出低电平，同时放电开关管导通；当输入信号自 2 脚输入并低于 $\frac{1}{3}V_{CC}$ 时，触发器置位，555 电路的 3 脚输出高电平，同时放电开关管截止。

$\overline{R}_D$ 是复位端（4 脚），$\overline{R}_D = 0$ 时，555 电路输出低电平。平时 $\overline{R}_D$ 端开路或接 V_{CC}。

V_C 是控制电压端（5 脚），平时输出 $\frac{2}{3}V_{CC}$ 作为比较器的参考电平，当 5 脚外接一个输入电压时，改变了比较器的参考电平，从而实现对输出的另一种控制。在不接外加电压时，通常接一个 0.01μF 的电容到地，起滤波作用，以消除外来干扰，从而确保参考电平的稳定。

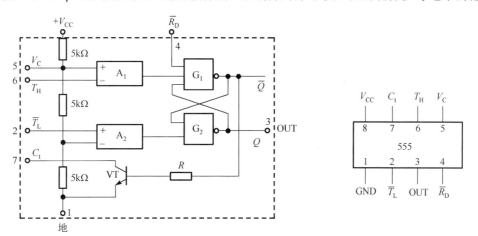

图 12-23　555 电路的内部框图及引脚排列

VT 为放电开关管，当 VT 导通时，将给接于 7 脚的电容提供低阻放电通路。

555 电路主要与电阻、电容构成充放电电路，并由两个比较器来检测电容上的电压，以确定输出电平的高低和放电开关管的通断,这就很方便地构成从微秒到数十分钟的延时电路,可方便地构成单稳态触发器、多谐振荡器、施密特触发器等脉冲产生或波形转换电路。

2. 555 电路的典型应用

（1）构成单稳态触发器。

图 12-24（a）所示为由 555 电路和外接定时元件 R、C 构成的单稳态触发器。触发电路由 C_1、R_1、VD 构成,其中 VD 为钳位二极管,稳态时 555 电路输入端处于电源电平,内部的放电开关管 VT 导通,输出端 F 输出低电平,当有一个外部负脉冲触发信号经 C_1 加到 2 脚,并使 2 脚电位瞬时低于 $\frac{1}{3}V_{CC}$ 时,低电平比较器动作,单稳态触发器即开始一个暂稳态过程,电容 C 开始充电,按指数规律增大。当 v_C 充电到 $\frac{2}{3}V_{CC}$ 时,高电平比较器动作,比较器 A_1 翻转,输出 v_O 从高电平返回低电平,放电开关管 VT 重新导通,电容 C 上的电荷很快经放电开关管放电,暂稳态结束,恢复稳态,为下个触发脉冲的到来做准备。波形图如图 12-24（b）所示。

暂稳态的持续时间 t_w（延时时间）取决于外接元件 R、C 的大小

$$t_w = 1.1RC$$

通过改变 R、C 的大小,可使 t_w 在几微秒到几十分钟之间变化。当这种单稳态触发器作为计时器时,可直接驱动小型继电器,并可以使用复位端（4 脚）接地的方法来中止暂稳态,重新计时。此外尚须用一个续流二极管与继电器线圈并接,以防继电器线圈反电势损坏内部功率管。

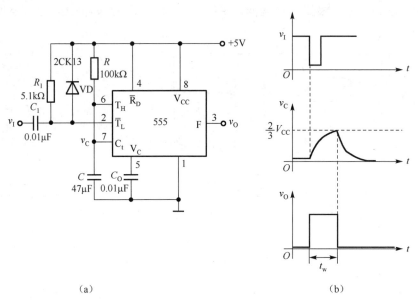

（a）　　　　　　　　　　　　　　　　（b）

图 12-24　单稳态触发器

（2）构成多谐振荡器。

如图 12-25（a）所示，由 555 电路和外接元件 R_1、R_2、C 构成多谐振荡器，2 脚与 6 脚直接相连。电路没有稳态，仅存在两个暂稳态，电路也不需要外加信号，利用电源通过 R_1、R_2 向 C 充电，以及 C 通过 R_2 向放电端 C_t 放电，可使电路产生振荡。电容 C 在 $\frac{1}{3}V_{CC}$ 和 $\frac{2}{3}V_{CC}$ 之间充电和放电，其波形如图 12-25（b）所示。输出信号的时间参数是

$$T = t_{w1} + t_{w2}, \quad t_{w1} = 0.7(R_1 + R_2)C, \quad t_{w2} = 0.7R_2C$$

555 电路要求 R_1 与 R_2 均应大于或等于 $1k\Omega$，但 $R_1 + R_2$ 应小于或等于 $3.3M\Omega$。

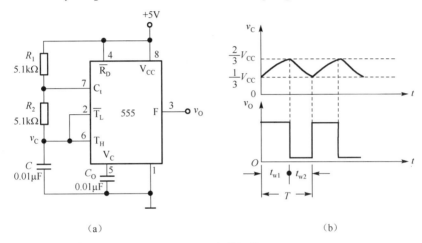

（a）　　　　　　　　　　　　　　　　　　（b）

图 12-25　多谐振荡器

外部元件的稳定性决定了多谐振荡器的稳定性，555 电路配以少量的元件即可获得较高精度的振荡频率和较强的功率输出能力，因此这种形式的多谐振荡器应用很广泛。

（3）组成占空比可调的多谐振荡器。

占空比可调的多谐振荡器如图 12-26 所示，它比图 12-25 所示电路增加了一个电位器和两个导引二极管。VD_1、VD_2 用来决定电容充、放电电流流经电阻的途径（充电时 VD_1 导通，VD_2 截止；放电时 VD_2 导通，VD_1 截止）。

$$占空比 P = \frac{t_{w1}}{t_{w1} + t_{w2}} \approx \frac{0.7R_A C}{0.7C(R_A + R_B)} = \frac{R_A}{R_A + R_B}$$

可见；若取 $R_A = R_B$，电路即可输出占空比为 50% 的方波信号。

（4）组成占空比连续可调并能调节振荡频率的多谐振荡器。

占空比与频率均可调的多谐振荡器如图 12-27 所示。对 C_1 充电时，充电电流通过 R_1、VD_1、R_{P2} 和 R_{P1}；放电时电流通过 R_{P1}、R_{P2}、VD_2、R_2。当 $R_1 = R_2$ 且 R_{P2} 调至中心点时，因充电、放电时间基本相等，其占空比约为 50%，此时调节 R_{P1} 仅可改变频率，占空比不变。如将 R_{P2} 调至偏离中心点，再调节 R_{P1}，不仅振荡频率改变，而且对占空比也有影响。R_{P1} 不变，调节 R_{P2}，仅可改变占空比，对频率无影响。因此，在接通电源后，应首先调节

R_{P1} 使频率至规定值,再调节 R_{P2} 以获得需要的占空比。若频率调节的范围比较大,还可以用波段开关改变 C_1 的值。

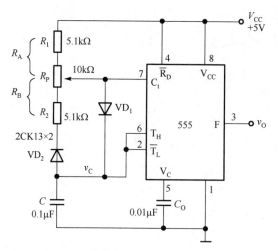

图 12-26　占空比可调的多谐振荡器

（5）组成施密特触发器。

施密特触发器如图 12-28 所示,只要将 2 脚、6 脚连在一起作为信号输入端,即可得到施密特触发器。图 12-29 所示为 v_S、v_I 和 v_O 的波形图。

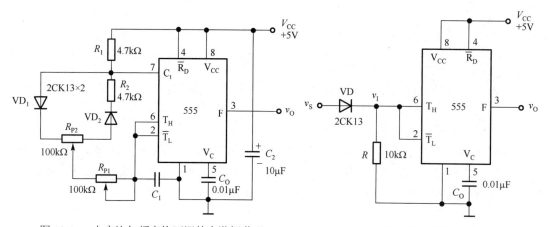

图 12-27　占空比与频率均可调的多谐振荡器　　　　图 12-28　施密特触发器

设被整形变换的电压为正弦波 v_S,其正半波通过二极管 VD 同时加到 555 电路的 2 脚和 6 脚,得 v_I 为半波整流波形。当 v_I 增大到 $\frac{2}{3}V_{CC}$ 时,v_O 从高电平翻转为低电平;当 v_I 下降到 $\frac{1}{3}V_{CC}$ 时,v_O 又从低电平翻转为高电平。电路的电压传输特性曲线如图 12-30 所示。

回差电压

$$\Delta V = \frac{2}{3}V_{CC} - \frac{1}{3}V_{CC} = \frac{1}{3}V_{CC}$$

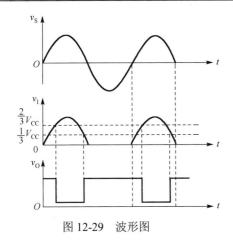

图 12-29　波形图

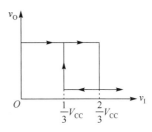

图 12-30　电压传输特性曲线

12.4.3　实验设备与元器件

1．+5V 直流电源
2．双踪示波器
3．连续脉冲源
4．单次脉冲源
5．音频信号源
6．数字频率计
7．逻辑电平显示器
8．555×2、2CK13×2
9．电位器，电阻、电容若干

12.4.4　实验内容

1．单稳态触发器

（1）按图 12-24（a）连线，取 $R=100\text{k}\Omega$，$C=47\mu\text{F}$，输入信号 v_I 由单次脉冲源提供，用双踪示波器观测 v_I、v_C、v_O 波形，测定幅度与暂稳态时间。

（2）将 R 改为 $1\text{k}\Omega$，C 改为 $0.1\mu\text{F}$，输入端加 1kHz 的连续脉冲，观测 v_I、v_C、v_O 波形，测定幅度及暂稳态时间。

2．多谐振荡器

（1）按图 12-25（a）接线，用双踪示波器观测 v_C 与 v_O 的波形，测定频率。

（2）按图 12-26 接线，组成占空比为 50%的方波发生器。观测 v_C、v_O 波形，测定波形参数。

（3）按图 12-27 接线，通过调节 R_{P1}和R_{P2} 来观测输出波形。

3．施密特触发器

按图 12-28 接线，输入信号由音频信号源提供，预先调好 v_S 的频率为 1kHz，接通电源，逐渐增大 v_S 的幅度，观测输出波形，测绘电压传输特性曲线，算出回差电压ΔV。

4．模拟声响电路

按图 12-31 接线，组成两个多谐振荡器，调节定时元件，使（1）输出较低频率，（2）输出较高频率，连好线并接通电源，试听音响效果。调换外接阻容元件，再试听音响效果。

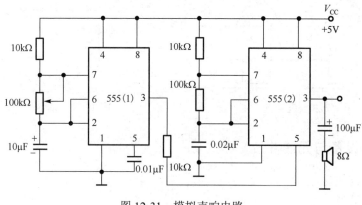

图 12-31　模拟声响电路

12.4.5　预习要求

1．复习有关 555 电路的工作原理及其应用。
2．拟定实验中所需的数据表格等。
3．如何用示波器测定施密特触发器的电压传输特性曲线？
4．拟定各次实验的步骤和方法。

12.4.6　实验报告

1．绘出详细的实验电路图，定量绘出观测到的波形。
2．分析、总结实验结果。

第 13 章　D/A、A/D 转换器实验

13.1.1　实验目的

1．了解 D/A 转换器、A/D 转换器的基本工作原理和基本结构。
2．掌握大规模集成 D/A 转换器、A/D 转换器的功能及其典型应用。

13.1.2　实验原理

在数字电子技术的很多应用场合中，往往需要把模拟量转换为数字量，称为模数转换（A/D 转换）；或把数字量转换为模拟量，称为数模转换（D/A 转换）。完成这种转换的电路有多种，特别是单片大规模集成 A/D 转换器（ADC）、D/A 转换器（DAC）的问世，为实现上述转换提供了极大的方便。使用者借助器件手册提供的器件性能指标及典型应用电路，即可正确地使用这些器件。本实验将采用大规模集成电路 DAC0832 实现 D/A 转换，采用 ADC0809 实现 A/D 转换。

1．D/A 转换器 DAC0832

DAC0832 是采用 CMOS 工艺制成的单片电流输出型 8 位数模转换器。图 13-1 所示为 DAC0832 的逻辑框图及引脚排列。

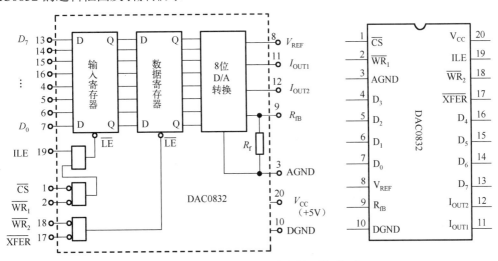

图 13-1　DAC0832 的逻辑框图和引脚排列

器件的核心部分采用倒 T 形电阻网络的 8 位 D/A 转换器，如图 13-2 所示，它是由倒 T 形 R-2R 电阻网络、模拟开关、运算放大器和参考电压 V_{REF} 这 4 部分组成的。

运放的输出电压为

$$u_o = \frac{V_{REF} \cdot R_f}{2^n R}(D_{n-1} \cdot 2^{n-1} + D_{n-2} \cdot 2^{n-2} + \cdots + D_0 \cdot 2^0)$$

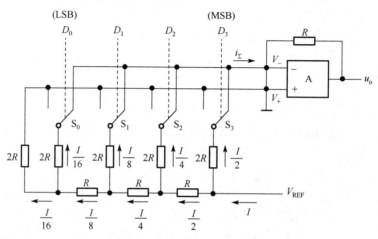

图 13-2　倒 T 形电阻网络的 8 位 D/A 转换器

由上式可见，输出电压 u_o 与输入的数字量成正比，这就实现了从数字量到模拟量的转换。

一个 8 位的 D/A 转换器有 8 个输入端，每个输入端都是 8 位二进制数的一位，有一个模拟输出端，输入可有 2^8=256 个不同的二进制组态，输出为 256 个电压之一，即输出电压不是整个电压范围内的任意值，而只能是 256 个可能值。

DAC0832 的引脚功能说明如下。

$D_0 \sim D_7$：数字信号输入端；

ILE：输入寄存器允许，高电平有效；

$\overline{CS}$：片选信号，低电平有效；

$\overline{WR}_1$：写信号 1，低电平有效；

$\overline{XFER}$：传输控制信号，低电平有效；

$\overline{WR}_2$：写信号 2，低电平有效；

I_{OUT1}, I_{OUT2}：电流输出端；

R_{fB} 电阻：集成在片内的外接运放的反馈电阻；

V_{REF}：基准电压，–10～+10V；

V_{CC}：电源电压，+5～+15V；

AGND：模拟地；

DGND：数字地（模拟地和数字地可接在一起使用）。

DAC0832 输出的是电流，要转换为电压，还必须经过一个外接的运算放大器，实验电路如图 13-3 所示。

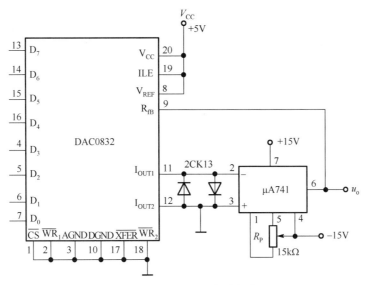

图 13-3　DAC0832 实验电路

2．A/D 转换器 ADC0809

ADC0809 是采用 CMOS 工艺制成的单片 8 位 8 通道逐次逼近型模数转换器，其逻辑框图及引脚排列如图 13-4 所示。

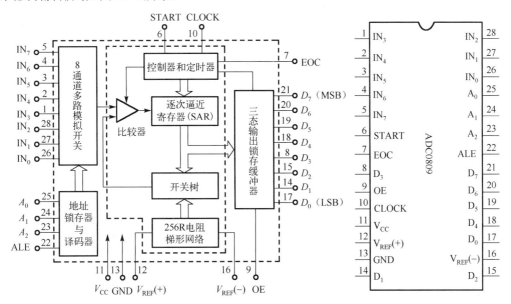

图 13-4　ADC0809 的逻辑框图及引脚排列

器件的核心部分是 8 位 A/D 转换器，它由比较器、逐次逼近寄存器、D/A 转换器、控制器和定时器 5 部分组成。

ADC0809 的引脚功能说明如下。

$IN_0 \sim IN_7$：8 路模拟信号输入端；

A_2、A_1、A_0：地址输入端；

ALE：地址锁存允许输入信号，在此引脚施加正脉冲，上升沿有效，此时锁存地址码，从而选通相应的模拟信号通道，以便进行 A/D 转换；

START：启动信号输入端，应在此引脚施加正脉冲，当上升沿到达时，内部逐次逼近寄存器复位，在下降沿到达后，开始 A/D 转换过程；

EOC：转换结束输出信号（转换结束标志），高电平有效；

OE：输入允许信号，高电平有效；

CLOCK：时钟信号输入端，外接时钟频率一般为 640kHz；

V_{CC}：+5V 单电源供电；

$V_{REF(+)}$、$V_{REF(-)}$：基准电压的正极、负极，一般 $V_{REF(+)}$ 接+5V 电源，$V_{REF(-)}$ 接地；

$D_0 \sim D_7$：数字信号输出端。

（1）模拟量输入通道选择。

8路模拟开关由地址输入端 A_2、A_1、A_0 选通 8 路模拟信号中的任何一路进行 A/D 转换，地址译码与模拟输入通道的选通关系如表 13-1 所示。

表 13-1　地址译码与模拟输入通道的选通关系

被选的模拟输入通道		IN_0	IN_1	IN_2	IN_3	IN_4	IN_5	IN_6	IN_7
地址输入端	A_2	0	0	0	0	1	1	1	1
	A_1	0	0	1	1	0	0	1	1
	A_0	0	1	0	1	0	1	0	1

（2）A/D 转换过程。

在启动信号输入端（START）加启动脉冲（正脉冲），A/D 转换即开始。如将启动信号输入端（START）与转换结束输出信号（EOC）直接相连，转换将是连续的，在用这种转换方式时，开始应在外部加启动脉冲。

13.1.3　实验设备与元器件

1．+5V、±15V 直流电源

2．双踪示波器

3．计数脉冲源

4．逻辑电平开关

5．逻辑电平显示器

6．直流数字电压表

7．DAC0832、ADC0809、μA741、2CK13×2

8．电位器，电阻、电容若干

13.1.4　实验内容

1．D/A 转换器 DAC0832

（1）按图 13-3 接线，电路接成直通方式，即 $\overline{CS}$、$\overline{WR_1}$、$\overline{WR_2}$、$\overline{XFER}$ 接地；ILE、

V_{CC}、V_{REF} 接+5V 电源；运放电源接±15V；$D_0 \sim D_7$ 接逻辑电平开关的输出插口，输出端 u_o 接直流数字电压表。

（2）调零，令 $D_0 \sim D_7$ 全置零，调节运放的电位器使 μA741 的输出为零。

（3）按表 13-2 所示输入数字量，用直流数字电压表测量运放的输出电压 u_o，将测量结果填入表中，并与理论值进行比较。

表 13-2　DAC0832 测量表

输入数字量								输出模拟量 u_o/V
D_7	D_6	D_5	D_4	D_3	D_2	D_1	D_0	
0	0	0	0	0	0	0	0	
0	0	0	0	0	0	0	1	
0	0	0	0	0	0	1	0	
0	0	0	0	0	1	0	0	
0	0	0	0	1	0	0	0	
0	0	0	1	0	0	0	0	
0	0	1	0	0	0	0	0	
0	1	0	0	0	0	0	0	
1	0	0	0	0	0	0	0	
1	1	1	1	1	1	1	1	

2．A/D 转换器 ADC0809

按图 13-5 接线。

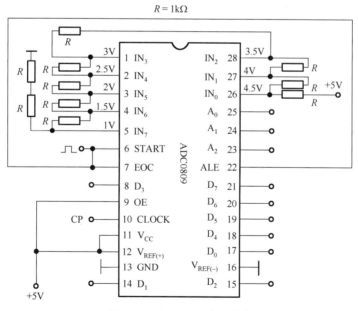

图 13-5　ADC0809 实验电路

（1）8 路输入模拟信号（1～4.5V）由+5V 直流电源经电阻 R 分压得到；转换结果 $D_0 \sim D_7$

接逻辑电平显示器的输入插口，CP 时钟脉冲由计数脉冲源提供，取 $f = 100\text{kHz}$ ；$A_0 \sim A_2$ 地址输入端接逻辑电平开关的输出插口。

（2）接通电源后，在启动信号输入端（START）加一正单次脉冲，下降沿一到，即开始进行 A/D 转换。

（3）按表 13-3 的要求观察，记录 $IN_0 \sim IN_7$ 这 8 路模拟信号的转换结果，并将转换结果换算成用十进制数表示的电压值，并与直流数字电压表实测的各路输入电压值进行比较，分析误差原因。

表 13-3 ADC0809 测量表

被选模 拟通道	输入 模拟量/V	地址输入端			输出数字量								
		A_2	A_1	A_0	D_7	D_6	D_5	D_4	D_3	D_2	D_1	D_0	十进制数
IN_0	4.5	0	0	0									
IN_1	4.0	0	0	1									
IN_2	3.5	0	1	0									
IN_3	3.0	0	1	1									
IN_4	2.5	1	0	0									
IN_5	2.0	1	0	1									
IN_6	1.5	1	1	0									
IN_7	1.0	1	1	1									

13.1.5 预习要求

1．复习 A/D 转换、D/A 转换的工作原理。
2．熟悉 ADC0809、DAC0832 的引脚功能、使用方法。
3．绘好完整的实验电路和所需的实验记录表格。
4．拟定各实验内容的具体实验方案。

13.1.6 实验报告

整理实验数据，分析实验结果。

第14章　电子技术综合实验

14.1　温度监测及控制电路

14.1.1　实验目的

1．学习由双臂电桥和差动输入集成运放组成的桥式放大电路。
2．掌握滞回比较器的性能和调试方法。
3．学会系统测量和调试。

14.1.2　实验原理

实验电路如图 14-1 所示，它由具有负温度系数电阻特性的热敏电阻（NTC 元件）R_t 为一臂组成测温电桥，其输出经测量放大器放大后由滞回比较器输出"加热"与"停止"信号，经三极管放大后控制加热器"加热"与"停止"。改变滞回比较器的比较电压 U_R 即可改变控温的范围，而控温的精度则由滞回比较器的滞回宽度确定。

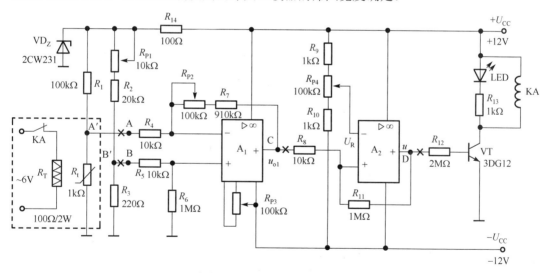

图 14-1　温度监测及控制电路

（1）测温电桥。

由 R_1、R_2、R_3、R_{P1} 及 R_t 组成测温电桥，其中 R_t 是温度传感器，其所呈现的阻值与温度成线性关系且具有负温度系数，而温度系数又与流过它的工作电流有关。为了稳定 R_t 的工作电流，达到稳定其温度系数的目的，设置了稳压管 VD_Z。R_{P1} 可决定测温电桥的平衡。

（2）差动放大电路。

由 A_1 及外围电路组成的差动放大电路将测温电桥的输出电压按比例放大。其输出电压

$$u_{o1} = -\left(\frac{R_7 + R_{P2}}{R_4}\right)u_A + \left(\frac{R_4 + R_7 + R_{P2}}{R_4}\right)\left(\frac{R_6}{R_5 + R_6}\right)u_B \text{。}$$

当 $R_4 = R_5$、$R_7 + R_{P2} = R_6$ 时

$$u_{o1} = \frac{R_7 + R_{P2}}{R_4}(u_B - u_A)$$

R_{P3} 用于差动放大器的调零。

可见差动放大电路的输出电压 u_{o1} 仅取决于两个输入电压之差和外部电阻的比值。

（3）滞回比较器。

差动放大器的输出电压 u_{o1} 输入由 A_2 组成的滞回比较器。滞回比较器的单元电路如图 14-2 所示，设滞回比较器输出的高电平为 U_{oH}，输出的低电平为 U_{oL}，参考电压 U_R 加在反相输入端。

当输出为高电平 U_{oH} 时，运放同相输入端电位

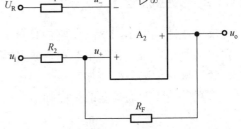

$$u_{+H} = U_{TL} = \frac{R_F}{R_2 + R_F}u_i + \frac{R_2}{R_2 + R_F}U_{oH}$$

当 u_i 减小到使 $u_{+H} = U_R$，即

$$u_i = U_{TL} = \frac{R_2 + R_F}{R_F}U_R - \frac{R_2}{R_F}U_{oH}$$

图 14-2　滞回比较器的单元电路

时，此后，只要 u_i 稍减小，输出就从高电平跳变为低电平。

当输出为低电平 U_{oL} 时，运放同相输入端电位

$$u_{+L} = \frac{R_F}{R_2 + R_F}u_i + \frac{R_2}{R_2 + R_F}U_{oL}$$

当 u_i 增大到使 $u_{+L} = U_R$，即

$$u_i = U_{TH} = \frac{R_2 + R_F}{R_F}U_R - \frac{R_2}{R_F}U_{oL}$$

时，此后，只要 u_i 稍有增大，输出又从低电平跳变为高电平。因此 U_{TL} 和 U_{TH} 为输出电平跳变时对应的输入电平，常称 U_{TL} 为下门限电平，U_{TH} 为上门限电平，而两者的差值称为门限宽度 ΔU_T，它们的大小可通过 R_2 / R_F 来调节。

$$\Delta U_T = U_{TH} - U_{TL} = \frac{R_2}{R_F}(U_{oH} - U_{oL})$$

图 14-3 所示为滞回比较器的电压传输特性曲线，由上述分析可见，差动放大器的输出电压 u_{o1} 经分压后与 A_2 组成了滞回比较器，从而与反相输入端的参考电压 U_R 相比较。当同

相输入端的电压大于反相输入端的电压时，A_2 输出正饱和电压，三极管 VT 饱和导通。通过发光二极管（LED）的发光情况可见，负载的工作状态为加热。反之，当同相输入端的电压小于反相输入端的电压时，A_2 输出负饱和电压，三极管 VT 截止，LED 熄灭，负载的工作状态为停止。调节 R_{P4} 可改变参考电平，同时调节了上、下门限电平，从而达到设定温度的目的。

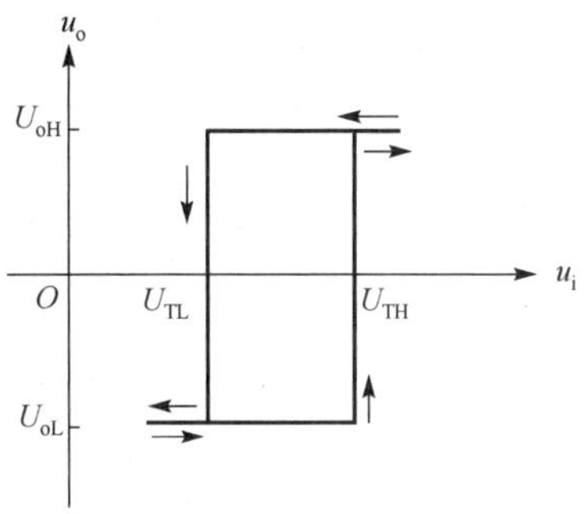

图 14-3　电压传输特性曲线

14.1.3　实验设备与元器件

1．±12V 直流电源
2．函数信号发生器
3．双踪示波器
4．交流毫伏表
5．热敏电阻（NTC 元件）
6．运算放大器μA741×2
7．三极管 3DG12
8．稳压管 2CW231
9．发光二极管（LED）

14.1.4　实验内容

按图 14-1 连接实验电路，各级之间暂不连通，形成各级单元电路，以便对各单元电路分别进行调试。

1．差动放大电路

差动放大电路如图 14-4 所示，它可实现差动比例运算。

（1）运放调零。

将 A、B 两端对地短路，调节 R_{P3} 使 $u_{o1}=0$。

（2）去掉 A、B 两端的对地短路线。

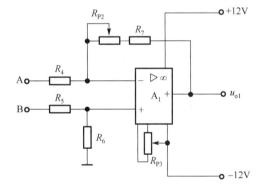

图 14-4　差动放大电路

在 A、B 端分别加入两个不同的直流电平。当电路中 $R_7+R_{P2}=R_6$、$R_4=R_5$ 时，其输出电压 $u_{o1}=\dfrac{R_7+R_{P2}}{R_4}(u_B-u_A)$。在测试时，要注意加入的输入电压不能太大，以免放大器输出进入饱和区。

（3）将 B 端对地短路，把频率为 100Hz、有效值为 10mV 的正弦信号加入 A 端，用双踪示波器观察输出波形。在输出波形不失真的情况下，用交流毫伏表测出 u_i 和 u_{o1} 的电压，算出此差动放大电路的电压放大倍数 A。

2．桥式测温放大电路

将差动放大电路的 A、B 端与测温电桥的 A′、B′ 端相连，构成一个桥式测温放大电路。

（1）在室温下使电桥平衡。

在室温条件下调节 R_{P1}，使差动放大电路的输出 $u_{o1}=0$（注意：在前面实验中调好的 R_{P3} 不能再动）。

（2）温度系数 K（单位为 V/℃）。

由于测温需升温槽，因此为使实验简易，可虚设温度 T 及输出电压 u_{o1}，将温度系数 K 也定为一个常数，具体参数由读者自行填入表 14-1。

表 14-1　温度系数 K 测量记录表

温度 T/℃	室温/℃				
输出电压 u_{o1}/V	0				

从表 14-1 可得到 $K=\Delta u_{o1}/\Delta T$。

（3）桥式测温放大电路的温度-电压关系曲线。

根据前面桥式测温放大电路的温度系数 K，可画出桥式测温放大电路的温度-电压关系曲线，实验时要标注相关的温度和电压的值，如图 14-5 所示。从图中可求得在其他温度时，放大电路实际应输出的电压值，也可得到在当前室温时 u_{o1} 实际的对应值 U_s。

重调 R_{P1}，使桥式测温放大电路在当前空气温度下输出 U_s，即调 R_{P1}，使 $u_{o1}=U_s$。

3．滞回比较器

滞回比较器电路如图 14-6 所示。

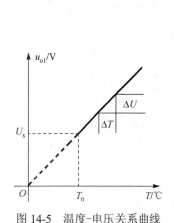

图 14-5　温度-电压关系曲线

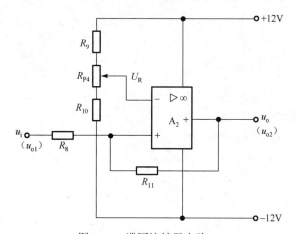

图 14-6　滞回比较器电路

（1）直流法测试滞回比较器的上、下门限电平。

首先确定参考电平 U_R 的值，调 R_{P4}，使 $U_R=2\text{V}$，然后将可变的交流电压 u_i 加入滞回比较器的输入端。滞回比较器的输出电压 u_o 送入双踪示波器的 Y 轴输入端（将示波器的"输入耦合方式开关"置于"DC"，X 轴"扫描触发方式开关"置于"自动"）。改变直流输入

电压 U_i 的大小，从双踪示波器屏幕上观察到当 u_o 跳变时所对应的 U_i 值，即为上、下门限电平。

（2）交流法测试电压传输特性曲线。

将频率为 100Hz、幅度为 3V 的正弦信号加入比较器的输入端，同时送入双踪示波器的 X 轴输入端，作为 X 轴扫描信号。滞回比较器的输出信号送入双踪示波器的 Y 轴输入端。微调正弦信号的大小，可从双踪示波器的显示屏上观察到完整的电压传输特性曲线。

4. 温度监测及控制电路整机工作状况

（1）按图 14-1 连接各级电路（注意：可调元件 R_{P1}、R_{P2}、R_{P3} 不能随意变动，如有变动，必须重新进行前面的实验内容）。

（2）根据所需监测报警或控制的温度 T，从桥式测温放大电路的温度-电压关系曲线中确定对应的 u_{o1} 值。

（3）调节 R_{P4}，使参考电压 $U_R' = U_R = u_{o1}$。

（4）用加热器升温，观察温升情况，直至报警电路报警（在实验电路中当 LED 发光时作为报警），记下动作时对应的温度 T_1 和 U_{o11} 的值。

（5）用自然降温法使热敏电阻降温，记下报警解除时所对应的温度 T_2 和 U_{o12} 的值。

（6）改变温度 T，重做（2）、（3）、（4）、（5）的内容，把测试结果记入表 14-2。

根据 T_1 和 T_2 的值，可得到检测灵敏度 $T_0 = T_2 - T_1$。

表 14-2　改变温度 T 记录表

	设定温度 T/℃								
设定电压	从曲线上查得 u_{o1}								
	U_R								
动作温度	T_1 / ℃								
	T_2 / ℃								
动作电压	U_{o11} / V								
	U_{o12} / V								

注：实验中的加热装置可用一个 100Ω/2W 的电阻 R_T 模拟，使此电阻靠近 R_t 即可。

14.1.5　预习要求

1．阅读教材中有关集成运算放大器应用部分的章节，了解由集成运算放大器构成的差动放大器等电路的性能和特点。

2．根据实验任务，拟出实验步骤及测试内容，画出数据记录表格。

3．依照实验电路板上集成运算放大器插座的位置，从左到右安排前、后各级电路。画出元件排列及布线图，元件排列既要紧凑，又不能相碰，以便缩短连线，防止引入干扰，同时还要便于实验中测试方便。

4．思考并回答下列问题：

（1）如果放大器不进行调零，将会引起什么结果？

（2）如何设定温度监测的控制点？

14.1.6　实验总结

1．整理实验数据，画出有关曲线、数据表格及实验电路。
2．用方格纸画出桥式测温放大电路的温度系数曲线及滞回比较器的电压传输特性曲线。
3．实验中的故障排除情况及体会。

14.2　万用电表的设计与调试

14.2.1　实验目的

1．设计由运算放大器组成的万用电表。
2．组装与调试。

14.2.2　设计要求

1．直流电压表（满量程+6V）
2．直流电流表（满量程 10mA）
3．交流电压表（满量程 6V，50Hz～1kHz）
4．交流电流表（满量程 10mA）
5．欧姆表（满量程分别为 1kΩ、10kΩ、100kΩ）

14.2.3　万用电表的工作原理及参考电路

在测量中，电表的接入应不影响被测电路的原工作状态，这就要求电压表应具有无穷大的输入电阻，电流表的内阻应为零。但实际上，万用电表表头的可动线圈总有一定的电阻，如 100μA 的表头，其内阻约为 1kΩ，用它进行测量时将影响被测量，从而引起误差。此外，交流电表中的整流二极管的压降和非线性特性也会产生误差。如果在万用电表中使用运算放大器，那么能大幅减小这些误差、提高测量精度。在欧姆表中采用运算放大器，不仅能得到线性刻度，还能实现自动调零。

1．直流电压表

图 14-7 所示为同相端输入的高精度的直流电压表的电路原理图。为了减小表头参数对测量精度的影响，将表头置于运算放大器的反馈回路中，这时，流经表头的电流与表头的参数无关，只要改变电阻 R_1，就可进行量程的切换。

表头电流 I 与被测电压 U_i 的关系为

$$I = \frac{U_i}{R_1}$$

应当指出：图 14-7 适用于测量电路与运算放大器共地的有关电路。此外，当被测电压较高时，在运算放大器的输入端应设置衰减器。

2．直流电流表

图 14-8 所示为直流电流表的电路原理图。在电流测量中，浮地电流的测量是普遍存在的，例如，若被测电流无接地点，则属于这种情况。为此，应把运算放大器的电源也对地浮动，按此种方式构成的直流电流表就可像常规电流表那样，串联在任何电流通路中从而测量电流。

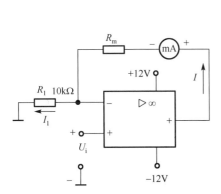

图 14-7　直流电压表的电路原理图　　　图 14-8　直流电流表的电路原理图

表头电流 I 与被测电流 I_1 的关系为

$$-I_1 R_1 = (I_1 - I)R_2$$

故

$$I = \left(1 + \frac{R_1}{R_2}\right)I_1$$

可见，通过改变电阻比（R_1/R_2）即可调节流过直流电流表的电流，以提高灵敏度。如果被测电流较大，则应给直流电流表表头并联分流电阻。

3．交流电压表

由运算放大器、二极管整流桥和直流毫安表组成的交流电压表的电路原理图如图 14-9 所示。被测交流电压 u_i 加到运算放大器的同相端，故有很高的输入阻抗，又因为负反馈能减小反馈回路中的非线性影响，所以把二极管整流桥和表头置于运算放大器的反馈回路中，以减小二极管本身非线性的影响。

表头电流 I 与被测电压 u_i 的关系为

$$I = \frac{u_i}{R_1}$$

电流 I 全部流过二极管整流桥的桥路，其值仅与 u_i/R_1 有关，与桥路和表头参数（如二极管的死区电压等非线性参数）无关。表头电流与被测电压 u_i 的全波整流平均值成正比，若 u_i 为正弦波，则表头可按有效值来刻度。被测电压的上限频率取决于运算放大器的频带和上升速率。

4．交流电流表

图 14-10 所示为交流电流表的电路原理图，表头读数 I 由被测交流电流 i 的全波整流平均值 I_{1AV} 决定，即 $I = \left(1 + \dfrac{R_1}{R_2}\right)I_{1AV}$。

如果被测电流 i 为正弦电流，即 $i_1 = \sqrt{2}I_1\sin(\omega t)$，则上式可写为

$$I = 0.9\left(1 + \frac{R_1}{R_2}\right)I_1$$

表头可按有效值来刻度。

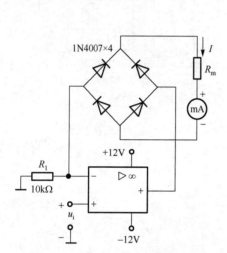

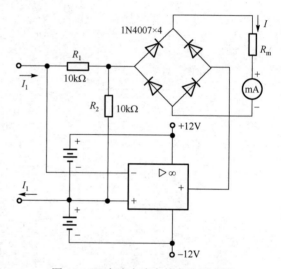

图 14-9　交流电压表的电路原理图　　　　图 14-10　交流电流表的电路原理图

5．欧姆表

图 14-11 所示为多量程欧姆表的电路原理图。在此电路中，运算放大器改由单电源供电，被测电阻 R_X 跨接在运算放大器的反馈回路中，同相端加基准电压 U_{REF}。

$$U_P = U_N = U_{REF}$$
$$I_1 = I_X$$
$$\frac{U_{REF}}{R_1} = \frac{u_o - U_{REF}}{R_X}$$

即 $R_X = \dfrac{R_1}{U_{REF}}(u_o - U_{REF})$。

流经表头的电流

$$I = \frac{u_o - U_{REF}}{R_2 + R_m}$$

在上两式中消去 $u_o - U_{REF}$，可得

$$I = \frac{U_{\text{REF}}R_{\text{X}}}{R_1(R_{\text{m}} + R_2)}$$

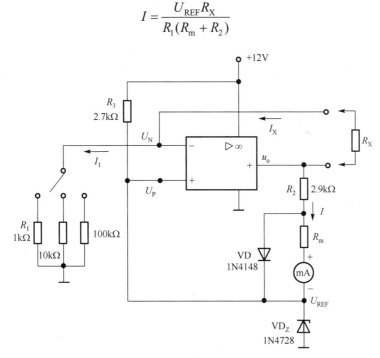

图 14-11　多量程欧姆表的电路原理图

可见，电流 I 与被测电阻成正比，而且表头具有线性刻度，通过改变 R_1 可改变欧姆表的量程。这种欧姆表能自动调零，当 $R_{\text{X}} = 0$ 时，电路变成电压跟随器，$u_{\text{o}} = U_{\text{REF}}$，故表头电流为零，从而实现了自动调零。

二极管（VD）起保护电表的作用，如果没有 VD，则当 R_{X} 超量程时，特别是当 $R_{\text{X}} \to \infty$ 时，运算放大器的输出电压将接近电源电压，使表头过载。有了 VD 就可使输出钳位，防止表头过载。通过调整 R_2，可实现满量程调节。

14.2.4　实验设备与元器件

1. 万用电表表头（灵敏度为 1mA，内阻为 100Ω）
2. 运算放大器 μA741
3. 电阻器均采用 $\frac{1}{4}$W 的金属膜电阻
4. 二极管 1N4007×4、1N4148
5. 稳压管 1N4728

14.2.5　实验内容

1. 万用电表的电路是多种多样的，建议用参考电路设计一个较完整的万用电表。
2. 利用万用电表进行电压、电流或电阻的测量，以及进行量程切换时应用开关切换，但实验时可用连接线切换。

14.2.6　注意事项

1. 在连接电源时，正、负电源连接点上各接大容量的滤波电容和 0.01～0.1μF 的小电容，以消除电源产生的干扰。

2. 万用电表的电性能测试要用标准电压表、电流表校正，欧姆表用标准电阻校正。考虑实验要求不高，建议用数字式四位半万用电表作为标准表。

14.2.7　报告要求

1. 画出完整的万用电表的设计电路原理图。

2. 将万用电表与标准表进行测试比较，计算万用电表各功能挡的相对误差，分析产生误差的原因。

3. 提出电路改进建议。

4. 收获与体会。

14.3　智力竞赛抢答器

14.3.1　实验目的

1. 学习数字电路中 D 触发器、分频电路、多谐振荡器、CP 脉冲源等单元电路的综合运用。

2. 熟悉智力竞赛抢答器的工作原理。

3. 了解简单数字系统实验、调试及故障排除方法。

14.3.2　实验原理

图 14-12 所示为供 4 人用的智力竞赛抢答器原理图，用以判断抢答优先权。

图中 F_1 为四 D 触发器 74LS175，它具有公共置 0 端和公共 CP 端；F_2 为双 4 输入"与非门"74LS20；F_3 是由 74LS00 组成的多谐振荡器；F_4 是由 74LS74 组成的四分频电路。F_3、F_4 组成抢答电路中的 CP 脉冲源。抢答开始时，由主持人清除信号，按下复位开关 S，74LS175 的输出 $Q_1 \sim Q_4$ 全为 0，所有发光二极管（LED）均熄灭，在主持人宣布"抢答开始"后，首先做出判断的参赛者立即按下开关，对应的发光二极管点亮，同时，通过"与非门"F_2 送出信号锁住其余三个抢答者的电路，不再接收其他信号，直到主持人再次清除信号为止。

14.3.3　实验设备与元器件

1. +5V 直流电源

2. 逻辑电平开关

3. 逻辑电平显示器

4．双踪示波器

5．数字频率计

6．直流数字电压表

7．74LS175、74LS20、74LS74、74LS00

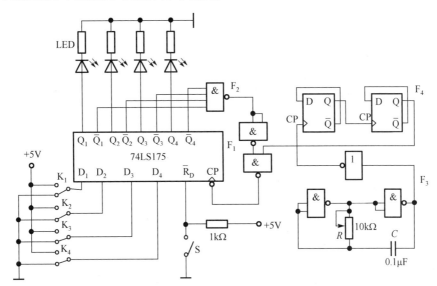

图 14-12　智力竞赛抢答器原理图

14.3.4　实验内容

1．测试各触发器及各逻辑门的逻辑功能。

测试方法参照第 8 章、第 11 章的有关内容，判断器件的好坏。

2．按图 14-12 接线，抢答器的 4 个开关接实验装置上的逻辑电平开关，发光二极管接逻辑电平显示器。

3．断开抢答器电路中的 CP 脉冲源电路，单独对多谐振荡器 F_3 及分频电路 F_4 进行调试，调整多谐振荡器的 10kΩ 电位器，使其输出脉冲的频率约为 4kHz，观察 F_3 及 F_4 的输出波形并测试其频率。

4．测试抢答器电路的功能。

接通+5V 直流电源，CP 端接实验装置上的连续脉冲源，取频率约为 1kHz。

（1）抢答开始前，开关 K_1、K_2、K_3、K_4 均置"0"，准备抢答，将开关 S 置"0"，发光二极管全熄灭，再将 S 置"1"。抢答开始，K_1、K_2、K_3、K_4 中的某一开关置"1"，观察发光二极管的亮、灭情况，然后将其他三个开关中的任一个置"1"，观察发光二极管的亮、灭情况是否改变。

（2）重复（1）的内容，改变 K_1、K_2、K_3、K_4 中任一个开关的状态，观察抢答器的工作情况。

（3）整体测试，断开实验装置上的连续脉冲源，接入 F_3 及 F_4，再进行实验。

14.3.5　预习要求

若在图 14-12 电路中加一个计时电路，要求计时电路显示的时间精确到秒，最大计时时间为 2min，一旦超出限时，就取消抢答权。电路应如何改进？

14.3.6　实验报告

1. 分析智力竞赛抢答器各部分的功能及工作原理。
2. 总结数字系统的设计、调试方法。
3. 分析实验中出现的故障并提出解决办法。

14.4　电 子 秒 表

14.4.1　实验目的

1. 学习数字电路中的基本 RS 触发器、单稳态触发器、时钟发生器、计数及译码显示电路等单元电路的综合应用。
2. 学习电子秒表的调试方法。

14.4.2　实验原理

图 14-13 所示为电子秒表的原理图，按功能将其分成 4 个单元电路进行分析。

1. 基本 RS 触发器

图 14-13 中的单元（Ⅰ）为用集成"与非门"构成的基本 RS 触发器，其是低电平直接触发的触发器，有直接置位、复位的功能。它的一路输出 $\bar{Q}$ 作为单稳态触发器的输入，另一路输出 Q 作为"与非门" G_5 的输入控制信号。

按动按钮开关 K_2（接地），则 G_1 的输出 $\bar{Q}=1$，G_2 的输出 $Q=0$，K_2 复位后 Q、$\bar{Q}$ 状态保持不变。再按动按钮开关 K_3，则 Q 由 0 变为 1，G_5 开启，为计数器启动做好准备。$\bar{Q}$ 由 1 变为 0，送出负脉冲，单稳态触发器启动工作。

基本 RS 触发器在电子秒表中的职能是启动和停止秒表的工作。

2. 单稳态触发器

图 14-13 中的单元（Ⅱ）为用集成"与非门"构成的单稳态触发器，图 14-14 所示为各点的波形图。

单稳态触发器的输入触发负脉冲信号 v_I 由基本 RS 触发器的 $\bar{Q}$ 端提供，输出负脉冲 v_O 通过"非门"加到计数器的清除端 R_0。

静态时，G_4 应处于截止状态，故电阻 R 必须小于门的关门电阻 R_{off}。定时元件 R、C 取值不同，输出脉冲宽度也不同。当触发脉冲宽度小于输出脉冲宽度时，可以省去输入微分电路的 R_P 和 C_P。

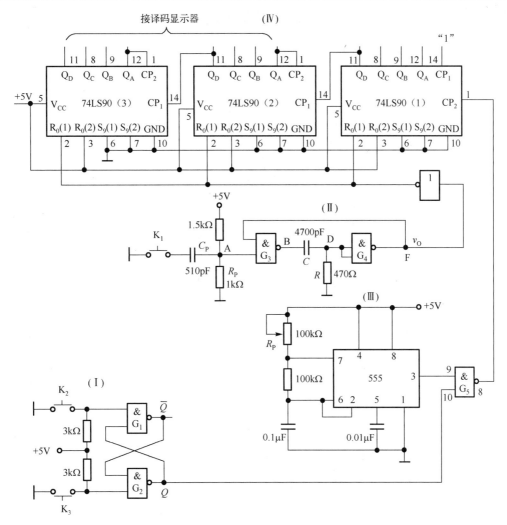

图 14-13　电子秒表的原理图

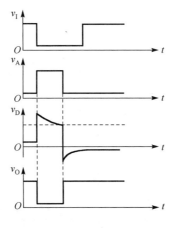

图 14-14　单稳态触发器的波形图

单稳态触发器在电子秒表中的职能是为计数器提供清零信号。

3. 时钟发生器

图 14-13 中的单元（Ⅲ）为用 555 定时器构成的多谐振荡器，是一种性能较好的时钟源。调节电位器 R_P，使在输出端 3 脚获得频率为 50Hz 的矩形脉冲，当基本 RS 触发器的 $Q=1$ 时，G_5 开启，此时 50Hz 的矩形脉冲通过 G_5 作为计数脉冲加于计数器（1）的计数输入端 CP_2。

4. 计数及译码显示电路

二-五-十进制加法计数器 74LS90 构成电子秒表的计数单元，如图 14-13 中的单元（Ⅳ）所示。其中计数器（1）接成五进制形式，对频率为 50Hz 的计数脉冲进行五分频，在输出端 Q_D 取得周期为 0.1s 的矩形脉冲，作为计数器（2）的计数输入。计数器（2）及计数器（3）接成 8421 BCD 码十进制形式，其输出端与实验装置上的译码显示单元的相应输入端连接，可进行 0.1～0.9s、1～9.9s 计时。

74LS90 是异步二-五-十进制加法计数器，它既可以作为二进制加法计数器，又可以作为五进制和十进制加法计数器。图 14-15 所示为 74LS90 的引脚排列，表 14-3 所示为其功能表。

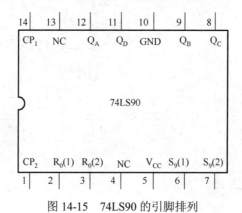

图 14-15　74LS90 的引脚排列

表 14-3　74LS90 的功能表

输　　入						输　　出				功　　能
清零		置9		时钟		Q_D	Q_C	Q_B	Q_A	
$R_0(1)$	$R_0(2)$	$S_9(1)$	$S_9(2)$	CP_1	CP_2					
1	1	0　× ×　0		×	×	0	0	0	0	清零
0　× ×　0		1	1	×	×	1	0	0	1	置9
0　× ×　0		0　× ×　0		↓	1			Q_A 输出		二进制计数
				1	↓		$Q_D Q_C Q_B$ 输出			五进制计数
				↓	Q_A		$Q_D Q_C Q_B Q_A$ 输出 8421 BCD 码			十进制计数
				Q_D	↓		$Q_A Q_D Q_C Q_B$ 输出 5421 BCD 码			十进制计数
				1	1		不变			保持

通过不同的连接方式,74LS90 可以实现 4 种不同的逻辑功能,而且可借助 $R_0(1)$、$R_0(2)$ 对计数器清零,借助 $S_9(1)$、$S_9(2)$ 将计数器置 9,其具体功能如下。

（1）计数脉冲从 CP_1 输入,Q_A 作为输出端,为二进制计数器。

（2）计数脉冲从 CP_2 输入,Q_D、Q_C、Q_B 作为输出端,为异步五进制加法计数器。

（3）若将 CP_2 和 Q_A 相连,计数脉冲由 CP_1 输入,Q_D、Q_C、Q_B、Q_A 作为输出端,则构成异步 8421 BCD 码十进制加法计数器。

（4）若将 CP_1 与 Q_D 相连,计数脉冲由 CP_2 输入,Q_A、Q_D、Q_C、Q_B 作为输出端,则构成异步 5421 BCD 码十进制加法计数器。

（5）清零、置 9 功能。

① 异步清零

当 $R_0(1)$、$R_0(2)$ 均为"1",$S_9(1)$、$S_9(2)$ 中有"0"时,实现异步清零功能,即 $Q_D Q_C Q_B Q_A = 0000$。

② 置 9 功能

当 $S_9(1)$、$S_9(2)$ 均为"1",$R_0(1)$、$R_0(2)$ 中有"0"时,实现置 9 功能,即 $Q_D Q_C Q_B Q_A = 1001$。

14.4.3　实验设备与元器件

1. +5V 直流电源
2. 双踪示波器
3. 直流数字电压表
4. 数字频率计
5. 单次脉冲源
6. 连续脉冲源
7. 逻辑电平开关
8. 逻辑电平显示器
9. 译码显示器
10. 74LS00×2、555×1、74LS90×3
11. 电位器,电阻、电容若干

14.4.4　实验内容

由于实验电路中使用的元器件较多,实验前必须合理安排各元器件在实验装置中的位置,使电路逻辑清楚、接线较短。

实验时,应按照实验任务的次序,将各单元电路逐个进行接线和调试,即分别测试基本 RS 触发器、单稳态触发器、时钟发生器、计数及译码显示电路的逻辑功能,待各单元电路工作正常后,再将有关电路逐级连接起来进行测试,直到测试电子秒表整个电路的功能。

这样的测试方法有利于检查和排除故障,保证实验顺利进行。

1．基本 RS 触发器的测试

测试方法参考第 11 章的 11.1 节"计数器及其应用"。

2．单稳态触发器的测试

（1）静态测试。

用直流数字电压表测量 A、B、D、F 各点的电位值，并记录。

（2）动态测试。

输入端接频率为 1kHz 的连续脉冲源，用双踪示波器观察并描绘 D 点（v_D）、F 点（v_O）波形，如觉得输出脉冲的持续时间太短，难以观察，可适当增大微分电容 C（如改为 0.1μF），待测试完毕，再恢复至 4700pF。

3．时钟发生器的测试

用双踪示波器观察输出电压波形并测量其频率，调节 R_P，使输出矩形脉冲的频率为 50Hz。

4．计数器的测试

（1）计数器（1）接成五进制形式，$R_0(1)$、$R_0(2)$、$S_9(1)$、$S_9(2)$ 接逻辑电平开关的输出插口，CP_2 接单次脉冲源，CP_1 接高电平"1"，$Q_D \sim Q_A$ 接实验设备上的译码显示输入端 D、C、B、A，按表 14-3 测试其逻辑功能，并记录。

（2）计数器（2）及计数器（3）接成 8421 BCD 码十进制形式，同内容（1）进行逻辑功能测试，并记录。

（3）将计数器（1）、（2）、（3）级联，进行逻辑功能测试，并记录。

5．电子秒表的整体测试

各单元电路测试正常后，按图 14-13 把几个单元电路连接起来，进行电子秒表的总体测试。

先按动按钮开关 K_2，此时电子秒表不工作，再按动按钮开关 K_1，则计数器清零后便开始计时，观察数码管的显示计数情况是否正常，如不需要计时或暂停计时，则按动按钮开关 K_2，计时立即停止，但数码管保留所计时的值。

6．电子秒表准确度的测试

利用电子钟或手表的秒计时对电子秒表进行校准。

14.4.5　预习要求

1．复习数字电路中的基本 RS 触发器、单稳态触发器、时钟发生器及计数器等部分内容。

2．除本实验所采用的时钟源外，选用另两种不同类型的时钟源，供本实验用。画出电路图，选取元器件。

3．列出电子秒表单元电路的测试表格。

4．列出调试电子秒表的步骤。

14.4.6　实验报告

1．总结电子秒表的整个调试过程。

2．分析调试中发现的问题及故障排除方法。

14.5　三位半直流数字电压表

14.5.1　实验目的

1．了解双积分式 A/D 转换器的工作原理。

2．熟悉三位半 A/D 转换器 CC14433 的性能及其引脚功能。

3．掌握用 CC14433 构成直流数字电压表的方法。

14.5.2　实验原理

直流数字电压表的核心器件是一个间接型 A/D 转换器，它首先将输入的模拟电压转换成易于准确测量的时间量，然后在这个时间宽度里用计数器计时，计数结果就是正比于输入模拟电压的数字量。

1．V-T 变换型双积分 A/D 转换器

图 14-16 所示为双积分 ADC 的控制逻辑框图，它由积分器（包括运算放大器 A_1 和 RC 积分网络）、过零比较器 A_2、N 位二进制计数器、控制电路、门控电路、参考电压 V_R 与时钟脉冲源 CP 组成。

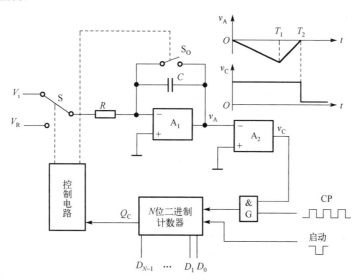

图 14-16　双积分 ADC 的控制逻辑框图

在转换开始前先将计数器清零，并通过控制电路使开关 S_O 接通，将电容 C 充分放电。由于 N 位二进制计数器的进位输出 $Q_C = 0$，控制电路使开关 S 接通 V_i，模拟电压与积分器接通，同时，与门 G 被封锁，N 位二进制计数器不工作。积分器的输出 v_A 线性下降，经过零比较器 A_2 获得一方波 v_C，打开与门 G，N 位二进制计数器开始计数，在输入 2^n 个时钟脉冲后 $t = T_1$，各触发器的输出端 $D_{N-1} \sim D_0$ 由 $111\cdots1$ 回到 $000\cdots0$，其进位输出 $Q_C = 1$ 作为定时控制信号，通过控制电路将开关 S 转接至参考电压 V_R，积分器向相反方向积分，v_A 开始线性上升，N 位二进制计数器重新从 0 开始计数，直到 $t = T_2$，v_A 下降到 0，比较器输出的方波结束，此时 N 位二进制计数器中暂存的二进制数字就是 V_i 对应的二进制数据。

2. 三位半双积分 A/D 转换器 CC14433 的性能特点

CC14433 是 CMOS 三位半双积分 A/D 转换器，它将构成数字电路和模拟电路的 7700 多个 MOS 晶体管集成在一个硅芯片上，芯片有 24 个引脚，采用双列直插式封装，其引脚排列如图 14-17 所示。

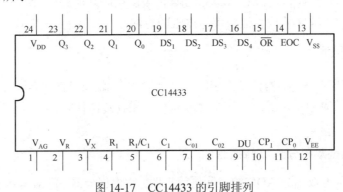

图 14-17　CC14433 的引脚排列

引脚功能说明如下。

V_{AG} （1 脚）：被测电压 V_X 和参考电压 V_R 的参考地。

V_R （2 脚）：外接参考电压（2V 或 200mV）。

V_X （3 脚）：被测电压输入端。

R_1 （4 脚）、R_1/C_1 （5 脚）、C_1 （6 脚）：外接积分阻容元件端。$C_1 = 0.1\mu F$ （聚酯薄膜电容）；$R_1 = 470k\Omega$ （2V 量程）或 $R_1 = 27k\Omega$ （200mV 量程）。

C_{01} （7 脚）、C_{02} （8 脚）：外接失调补偿电容，典型值为 $0.1\mu F$。

DU （9 脚）：实时显示控制输入端。若与 EOC（14 脚）连接，则每次 A/D 转换均显示。

CP_1 （10 脚）、CP_0 （11 脚）：振荡时钟，外接电阻的典型值为 $470k\Omega$。

V_{EE} （12 脚）：电路的电源最负端，接 -5V。

V_{SS} （13 脚）：除 CP 外所有输入端的低电平基准（通常与 1 脚连接）。

EOC （14 脚）：转换周期结束标记输出端，每次 A/D 转换周期结束，EOC 输出一个正脉冲，宽度为时钟周期的二分之一。

$\overline{OR}$ （15 脚）：过量程标志输出端，当 $|V_X| > V_R$ 时，$\overline{OR}$ 输出低电平。

$DS_1 \sim DS_4$ （16~19 脚）：多路选通脉冲输入端，DS_1 对应千位，DS_2 对应百位，DS_3

对应十位，DS_4 对应个位。

$Q_0 \sim Q_3$（20～23 脚）：BCD 码数据输出端，DS_2、DS_3、DS_4 选通脉冲期间，输出三位完整的十进制数，在 DS_1 选通脉冲期间，输出千位 0 或 1 及过量程、欠量程和被测电压极性标志信号。

CC14433 具有自动调零、自动极性转换等功能，可测量正或负的电压值。当 CP_1、CP_0 接 470kΩ 电阻时，时钟频率约为 66kHz，每秒可进行 4 次 A/D 转换。它的使用和调试简便，能与微处理器或其他数字系统兼容，可广泛用于数字面板表、数字万用表、数字温度计、数字量具及遥测、遥控系统。

3. 三位半直流数字电压表的组成

三位半直流数字电压表的电路图如图 14-18 所示。

（1）被测直流电压 V_X 经 A/D 转换后以动态扫描形式输出，数据输出端 $Q_0Q_1Q_2Q_3$ 上的数字信号（8421 码）按照时间的先后顺序输出。DS_1、DS_2、DS_3、DS_4 通过位选开关 MC1413 分别控制着千位、百位、十位和个位上的 4 个 LED 数码管的公共阴极。数字信号经七段译码器 CC4511 译码后，驱动 4 个 LED 数码管的各段阳极，这样就把 A/D 转换器按时间顺序输出的数据以扫描形式在 4 个 LED 数码管上依次显示出来。由于重复频率较高，工作时从高位到低位以每位每次约 300μs 的速率循环显示，即一个 4 位数的显示周期是 1.2ms，所以人的肉眼就能清晰地看到 4 位数码管同时显示三位半十进制数据。

（2）当参考电压 $V_R = 2V$ 时，满量程为 1.999V；当 $V_R = 200mV$ 时，满量程为 199.9mV。可以通过位选开关来控制千位和十位数码管的 h 段经限流电阻实现对相应的小数点显示的控制。

（3）最高位（千位）显示时只有 b、c 段与 LED 数码管的 b、c 脚相接，所以千位只显示 1 或不显示，用千位的 g 段来显示模拟量的负值（正值不显示），即由 CC14433 的 Q_2 端通过 NPN 晶体管 9013 来控制 g 段。

（4）精密基准电压源 MC1403。A/D 转换需要外接标准电压源作为参考电压，标准电压源的精度应高于 A/D 转换器的精度。本实验采用 MC1403 精密基准稳压源提供参考电压，MC1403 的输出电压为 2.5V，当输入电压在 4.5～15V 范围内变化时，输出电压的变化不超过 3mV，一般只有 0.6mV 左右，输出最大电流为 10mA。MC1403 的引脚排列如图 14-19 所示。

（5）实验中使用 CMOS BCD 七段译码/驱动器 CC4511，参考 9.2 节的有关部分。

（6）7 路达林顿晶体管列阵 MC1413 采用了 NPN 达林顿复合晶体管的结构，因此有很高的电流增益和很高的输入阻抗，可直接接收 MOS 或 CMOS 集成电路的输出信号，并把电压信号转换成足够大的电流信号从而驱动各种负载。该电路内含 7 个集电极开路反相器（也称 OC 门）。MC1413 的电路结构和引脚排列如图 14-20 所示，它采用 16 引脚的双列直插式封装，每个驱动器的输出端均接有一释放电感负载能量的抑制二极管。

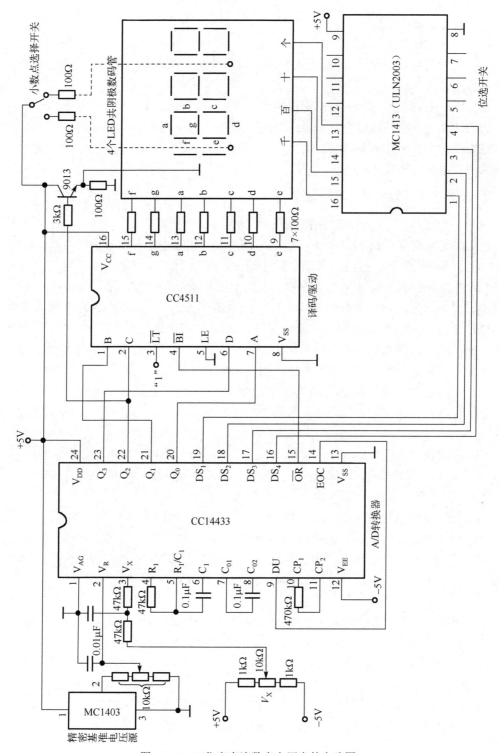

图 14-18　三位半直流数字电压表的电路图

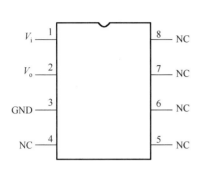

图 14-19　MC1403 的引脚排列

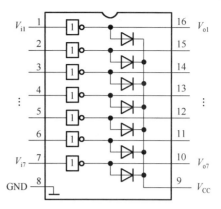

图 14-20　MC1413 的电路结构和引脚排列

14.5.3　实验设备及元器件

1．±5V 直流电源
2．双踪示波器
3．直流数字电压表
4．逻辑电平开关
5．按图 14-18 的要求自拟元器件清单

14.5.4　实验内容

本实验要求按图 14-18 组装并调试一台三位半直流数字电压表，实验时应一步步地进行。

1．数码显示部分的组装与调试。

（1）建议将 4 个数码管插入 40p 集成电路插座上，将 4 个数码管的同名笔画段与显示译码的相应输出端连在一起，其中最高位只需将 b、c、g 三段接入电路，按图 14-18 接好连线，但暂不插所有的芯片。

（2）插好芯片 CC4511 与 MC1413，并将 CC4511 的输入端 A、B、C 接至拨码开关对应的 A、B、C、D 这 4 个插口处，将 MC1413 的 1、2、3、4 脚接至逻辑电平开关的输出插口。

（3）将 MC1413 的 2 脚置 "1"，1 脚、3 脚、4 脚置 "0"，接通电源，拨动码盘（按 "+" 或 "−" 键）自 0 到 9 变化，检查数码管是否按码盘的指示值变化。

（4）按照译码器实验的相关要求，检查译码显示是否正常。

（5）分别将 MC1413 的 3 脚、4 脚、1 脚单独置 "1"，重复（3）的内容。

如果所有 4 位数码管都显示正常，则去掉数字译码显示部分的电源，备用。

2．精密基准电压源的连接和调整。

插上 MC1403 精密基准电压源，用标准数字电压表检查输出是否为 2.5V，然后调整 10kΩ 电位器，使其输出电压为 2.00V，调整结束后去掉电源线，供总装时备用。

3．总装总调。

（1）插好芯片 MC14433，按图 14-18 接好全部电路。

（2）将输入端接地，接通+5V、–5V 电源（先接好地线），此时显示器将显示"000"值，如果不是，应检测电源的正、负电压。用双踪示波器测量、观察 $DS_1 \sim DS_4$ 和 $Q_0 \sim Q_3$ 的波形，判别故障所在。

（3）用电阻、电位器构成一个简单的输入电压 V_X 调节电路，调节电位器，4 位数码将相应变化，然后进入下一步精调。

（4）用标准数字电压表（或用数字万用表代替）测量输入电压，调节电位器，使 $V_X =$ 1.000V，这时被调电路的电压指示值不一定显示"1.000"，应调整精密基准电压源，使指示值与标准电压表的个位数误差在 5 之内。

（5）改变输入电压 V_X 的极性，使 $V_i = -1.000V$，检查"–"是否显示，并按（4）的方法校准显示值。

（6）在–1.999～+1.999V 量程内再一次仔细调整（调精密基准电压源），使全部量程内的个位数误差均不超过 5。

至此一个测量范围为–1.999～+1.999V 的三位半直流数字电压表调试成功。

4．记录输入电压为±1.999V、±1.500V、±1.000V、±0.500V、0.000V 时（标准数字电压表的读数）被调数字电压表的显示值，列表并记录。

5．用自制数字电压表测量正、负电源电压。考虑如何测量，试设计测量电路。

6．将积分电容 C_1、C_{02}（0.1μF）换作普通金属化纸介电容，观察测量精度的变化。

14.5.5　预习要求

1．本实验是一个综合性实验，应做好充分准备。
2．仔细分析图 14-18 各部分电路的连接及其工作原理。
3．当参考电压 V_R 增大时，显示值是增大还是减少？
4．要使显示值保持某一时刻的读数，应如何改动电路？

14.5.6　实验报告

1．绘出三位半直流数字电压表的电路接线图。
2．叙述组装、调试步骤。
3．说明调试过程中遇到的问题和解决的方法。
4．写出组装、调试数字电压表的心得和体会。

14.6　数字频率计

数字频率计用于测量信号（方波、正弦波或其他脉冲信号）的频率，并用十进制数显示，它具有精度高、测量迅速、读数方便等优点。

14.6.1　工作原理

脉冲信号的频率就是在单位时间内所产生的脉冲个数，其表达式为 $f = N/T$，其中 f 为被测脉冲信号的频率，N 为计数器所累计的脉冲个数，T 为产生 N 个脉冲所需的时间。

计数器所记录的结果就是被测脉冲信号的频率，如在 1s 内记录 1000 个脉冲，则被测脉冲信号的频率就是 1000Hz。

本实验仅讨论一种简单易制的数字频率计，其原理框图如图 14-21 所示。

晶振产生较高的标准频率，经分频器后可获得各种时基信号（1ms、10ms、0.1s、1s 等），时基信号的选择由开关 S_2（含 S_{21} 和 S_{22}）控制。被测频率的输入信号经放大和整形后变成矩形脉冲并加到主控门的输入端，如果被测信号为方波，则可以不要放大电路和整形电路，将被测信号直接加到主控门的输入端。时基信号经控制电路产生闸门信号至主控门，只有在闸门信号采样期间（时基信号的一个周期），输入信号才通过主控门。若时基信号的周期为 T，进入计数器的输入脉冲数为 N，则被测信号的频率 $f = N/T$，改变时基信号的周期 T，即可得到不同的测频范围。当主控门关闭时，计数器停止计数，显示器显示记录结果。此时控制电路输出一个置零信号，经延时电路、整形电路的延时，当达到所调节的延时时间时，延时电路输出一个复位信号，使计数器和所有的触发器置零，为后续新的一次取样做好准备，即能锁住一次显示的时间，使保留到接收新的一次取样为止。

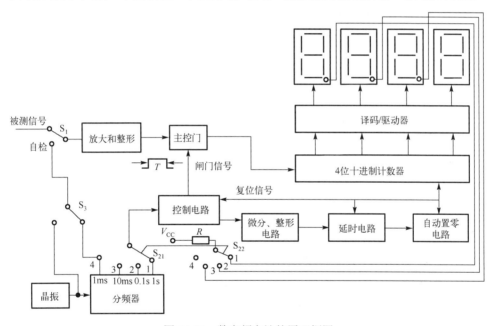

图 14-21　数字频率计的原理框图

当开关 S_2 改变量程时，小数点能自动移位。

若开关 S_1、S_3 配合使用，则可将测试状态转为"自检"工作状态（将时基信号作为被测信号输入）。

14.6.2　实验设备与元器件

1．+5V 直流电源

2．双踪示波器

3．连续脉冲源

4．逻辑电平显示器

5．直流数字电压表

6．数字频率计

7．CC4011、CC4013，2AP9

8．电阻、电容、LED 数码管若干

14.6.3　实验原理

1．控制电路

控制电路与主控门电路如图 14-22 所示。

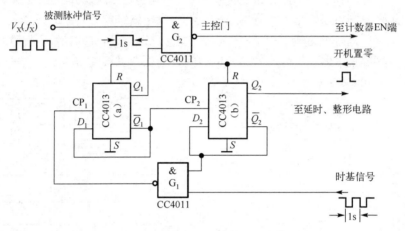

图 14-22　控制电路与主控门电路

主控电路由双 D 触发器 CC4013 及"与非门"CC4011 构成。CC4013（a）的任务是输出闸门信号，以控制主控门 G_2 的开启与关闭。如果通过开关选择一个时基信号，当给"与非门"G_1 输入一个时基信号的下降沿时，"与非门"G_1 就输出一个上升沿，则 CC4013（a）的 Q_1 端就由低电平变为高电平，将主控门 G_2 开启，允许被测信号通过该主控门并送至计数器的输入端进行计数。相隔 1s（或 0.1s、10ms、1ms）后，又给"与非门"G_1 输入一个时基信号的下降沿，"与非门"G_1 的输出端又产生一个上升沿，使 CC4013（a）的 Q_1 端变为低电平，将主控门关闭，使计数器停止计数，同时 $\overline{Q}_1$ 端产生一个上升沿，使 CC4013（b）翻转成 $Q_2 = 1$，$\overline{Q}_2 = 0$，由于 $\overline{Q}_2 = 0$，因此它将立即封锁"与非门"G_1，不再让时基信号进入 CC4013（a），保证在显示读数的时间内 Q_1 端始终保持低电平，使计数器停止计数。

将 Q_2 脉冲信号送到下一级，当到达所调节的延时时间时，电路输出端立即输出一个正脉冲，将计数器和所有 D 触发器全部置零。复位后 $Q_1 = 0$，$\overline{Q}_1 = 1$，为下一次测量做好准备。当时基信号又产生下降沿时，则上述过程重复。

2．微分、整形电路

微分、整形电路如图 14-23 所示。CC4013（b）的 Q_2 端所产生的上升沿经微分电路后，送到由"与非门"CC4011 组成的施密特整形电路的输入端,在其输出端可得到一个边沿十分陡峭且具有一定脉冲宽度的负脉冲,再送至下一级延时电路。

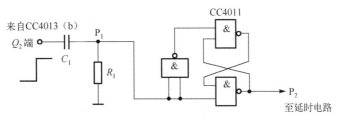

图 14-23 微分、整形电路

3. 延时电路

延时电路由 D 触发器 CC4013、积分电路(由电位器 R_{P1} 和电容 C_2 组成)、非门 G_2 及单稳态电路组成,如图 14-24 所示。由于 CC4013 的 D_3 端接 V_{CC},因此在 P_2 点所产生的上升沿的作用下 CC4013 翻转,翻转后 $\overline{Q}_3 = 0$,由于开机置零时 G_1 输出的正脉冲将 CC4013 的 Q_3 端置零,因此 $\overline{Q}_3 = 1$,经二极管 2AP9 迅速给电容 C_2 充电,使 C_2 两端的电压达高电平,而此时 $\overline{Q}_3 = 0$,电容 C_2 经电位器 R_{P1} 缓慢放电。当电容 C_2 上的电压降至非门 G_2 的阈值电平 V_T 时,非门 G_2 的输出端立即产生一个上升沿,触发下一级单稳态电路。此时,P_3 点输出一个正脉冲,该脉冲宽度主要取决于时间常数 $R_t C_t$ 的值,延时时间为上一级电路的延时时间及这一级电路的延时时间之和。

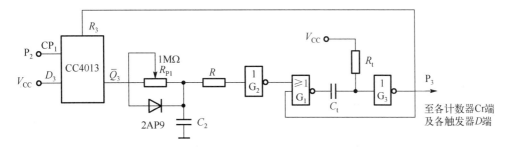

图 14-24 延时电路

由实验求得,如果电位器 R_{P1} 用 510Ω 的电阻代替,C_2 取 3μF,则总的延时时间就是显示器所显示的时间,为 3s 左右。如果电位器 R_{P1} 用 2MΩ 的电阻取代,C_2 取 22μF,则延时时间可达 10s 左右。可见,通过调节电位器 R_{P1} 可以改变延时时间。

4. 自动置零电路

P_3 点产生的正脉冲送到图 14-25 所示的由或门组成的自动置零电路,将各计数器及所有的触发器置零。在复位脉冲的作用下,$Q_3 = 0$,$\overline{Q}_3 = 1$,于是 $\overline{Q}_3$ 端的高电平经二极管 2AP9 再次对电容 C_2 充电,补上刚才放掉的电荷,使 C_2 两端的电压恢复为高电平,又因为 CC4013(b)复位后使 $\overline{Q}_2$ 再次变为高电平,所以图 14-22 中的 G_1 又被开启,电路重复上述变化过程。

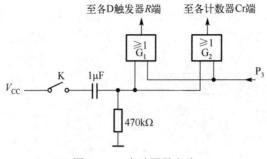

图 14-25　自动置零电路

14.6.4　设计任务和要求

使用中、小规模集成电路设计与制作一台简易的数字频率计，应具有下述功能。

1. 位数：计 4 位十进制数。
2. 量程：最大读数是 9999Hz，闸门信号的采样时间为 1s。
3. 显示方式：用七段 LED 数码管显示读数，做到显示稳定、不跳变。
4. 具有"自检"功能。
5. 被测信号为方波、三角波、正弦波信号。
6. 画出设计的数字频率计的电路总图。
7. 组装和调试并写出综合实验报告。

14.7　拔河游戏机

14.7.1　实验任务

给定实验设备和主要元器件，按照电路的各部分组合成一个完整的拔河游戏机。

1. 拔河游戏机需将 15 个（或 9 个）发光二极管排列成一行，开机后只有中间一个点亮，以此作为拔河的中心线，游戏双方各持一个按键，迅速地、不断地按动，从而产生脉冲，谁按得快，亮点就向这一方移动，每按一次，亮点移动一次。待某一方终端二极管点亮，这一方就得胜，此时双方按键均无作用，输出保持，只有经复位后才使亮点恢复到中心线。

2. 显示器显示胜者的盘数。

14.7.2　实验电路

实验电路框图如图 14-26 所示，整机电路图如图 14-27 所示。

14.7.3　实验设备与元器件

1. +5V 直流电源
2. 译码显示器
3. 逻辑电平开关

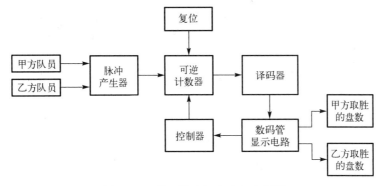

图 14-26　拔河游戏机实验电路框图

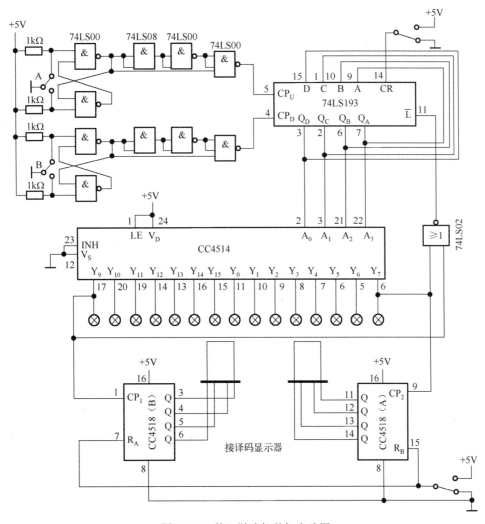

图 14-27　拔河游戏机整机电路图

　　4. CC4514（4 线–16 线译码器）、74LS193（二进制同步加/减法计数器）、CC4518（十进制计数器）、74LS08（与门）、74LS00（与非门）×3、74LS02（或非门）

　　5. 电阻（1kΩ×4）

14.7.4　实验步骤

　　可逆计数器 74LS193 的原始状态是输出 4 位二进制数 0000，经译码器输出使中间的一个发光二极管点亮。当按动 A、B 两个按键时，分别产生两个脉冲信号，经整形后分别加到可逆计数器上，可逆计数器输出的代码经译码器译码后驱动发光二极管点亮并产生位移，在亮点移到任何一方终端后，控制电路使这一状态被锁定，而对输入脉冲不起作用。如按动复位键，亮点又回到中心线位置，游戏可重新开始。

　　将双方终端发光二极管的正端分别经两个"与非门"后接至两个十进制计数器 CC4518 的允许控制端 EN，当任一方取胜时，该方终端二极管点亮，产生一个下降沿使其对应的计数器计数，这样计数器的输出即为胜者取胜的盘数。

　　1. 编码电路

　　编码电路有 2 个输入端和 4 个输出端，要进行加/减法计数，因此选用 74LS193 双时钟二进制同步加/减法计数器来完成。

　　2. 整形电路

　　74LS193 是可逆计数器，控制加减的 CP 脉冲分别加至 5 脚和 4 脚，此时当电路要求进行加法计数时，减法输入端 CP_D 必须接高电平；进行减法计数时，加法输入端 CP_U 必须接高电平。若直接将 A、B 键产生的脉冲加到 5 脚或 4 脚，那么就有很多时机在进行计数输入时另一计数输入端为低电平，使计数器不能计数，双方按键均失去作用，拔河不能正常进行。加一整形电路，使 A、B 键产生的脉冲经整形后变为一个占空比很大的脉冲，这样就减小了进行某一计数时另一计数输入为低电平的概率，从而使每按一次键都有可能进行有效的计数。整形电路由"与门"74LS08 和"与非门"74LS00 实现。

　　3. 译码电路

　　选用 4 线–16 线译码器（CC4514），译码器的输出 $Y_0 \sim Y_{14}$ 分别接 15 个（或 9 个）发光二极管，发光二极管的负端接地，而正端接译码器，这样当输出为高电平时，发光二极管点亮。

　　比赛准备，译码器输入为 0000，Y_0 输出"1"，中心线处的发光二极管首先点亮，当编码电路进行加法计数时，亮点向右移，进行减法计数时，亮点向左移。

　　4. 控制电路

　　为指示胜负，需用一个控制电路。当亮点移到任何一方的终端时，判该方为胜，此时双方的按键均宣告无效。此电路可用"或非门"74LS02 来实现。将双方终端发光二极管的正极接至"异或门"的两个输入端，获胜一方为"1"，而另一方则为"0"，"异或门"输出"1"，经"非门"产生低电平"0"，再送到 74LS193 计数器的置数端 11 脚，于是计数器停止计数，处于预置状态，由于计数器的数据端 A、B、C、D 和输出端 Q_A、Q_B、Q_C、Q_D 对应相连，输入就是输出，从而使计数器对输入脉冲不起作用。

5．胜负显示

将双方终端发光二极管的正极经"非门"后的输出分别接到两个 CC4518 计数器的 EN 端，CC4518 的两组 4 位 BCD 码分别接到实验装置的两组译码显示器的 A、B、C、D 插口处。当一方取胜时，该方终端发光二极管点亮，产生一个上升沿，使相应的计数器进行加一计数，于是就得到了双方取胜盘数的显示，若一位数不够，则进行两位数的级联。

6．复位

为能进行多次比赛，需要进行复位操作，使亮点返回中心线，可用一个开关控制 74LS193 的清零端 CR。

胜负显示器也应用一个开关来控制胜负计数器 CC4518 的清零端 R，使其重新计数。

14.7.5　实验报告

讨论实验结果，总结实验收获。

1．74LS193 二进制同步加/减法计数器的引脚排列及功能参照第 11 章的 11.1 节中的 CC40192。

2．4 线-16 线译码器（CC4514）的引脚排列如图 14-28 所示，功能表如表 14-4 所示。

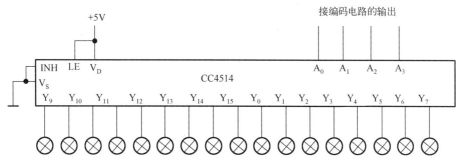

图 14-28　CC4514 译码器的引脚排列

$A_0 \sim A_3$——数据输入端；

INH——输出禁止控制端；

LE——数据锁存控制端；

$Y_0 \sim Y_{15}$——数据输出端。

表 14-4　CC4514 译码器的功能表

输　　入						高电平输出端	输　　入						高电平输出端
LE	INH	A_3	A_2	A_1	A_0		LE	INH	A_3	A_2	A_1	A_0	
1	0	0	0	0	0	Y_0	1	0	1	0	0	1	Y_9
1	0	0	0	0	1	Y_1	1	0	1	0	1	0	Y_{10}
1	0	0	0	1	0	Y_2	1	0	1	0	1	1	Y_{11}

续表

输　入						高电平输出端	输　入						高电平输出端
LE	INH	A_3	A_2	A_1	A_0		LE	INH	A_3	A_2	A_1	A_0	
1	0	0	0	1	1	Y_3	1	0	1	1	0	0	Y_{12}
1	0	0	1	0	0	Y_4	1	0	1	1	0	1	Y_{13}
1	0	0	1	0	1	Y_5	1	0	1	1	1	0	Y_{14}
1	0	0	1	1	0	Y_6	1	0	1	1	1	1	Y_{15}
1	0	0	1	1	1	Y_7	1	1	×	×	×	×	无
1	0	1	0	0	0	Y_8	1	0	×	×	×	×	①

①：输出状态锁定在上一个 LE = "1" 时 $A_0 \sim A_3$ 的输入状态。

3．CC4518 十进制计数器的引脚排列如图 14-29 所示，功能表如表 14-5 所示。

1CP、2CP——时钟输入端；

$1R_D$、$2R_D$——清除端；

1EN、2EN——计数允许控制端；

$1Q_0 \sim 1Q_3$——计数器输出端；

$2Q_0 \sim 2Q_3$——计数器输出端。

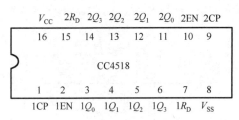

图 14-29　CC4518 十进制计数器的引脚排列

表 14-5　CC4518 十进制计数器的功能表

输　入			输出功能
CP	R_D	EN	
↑	0	1	加计数
0	0	↓	加计数
↓	0	×	保持
×	0	↑	保持
↑	0	0	保持
1	0	↓	保持
×	1	×	全为 "0"

14.8　随机存取存储器 2114A 及其应用

14.8.1　实验目的

了解随机存取存储器 2114A 的工作原理，通过实验熟悉它的工作特性、使用方法及其应用。

14.8.2　实验原理

1．随机存取存储器（RAM）

随机存取存储器（RAM）又称读/写存储器，它能存储数据、指令、中间结果等信息。

在该存储器中，任何一个存储单元都能以随机次序迅速地存入（写入）信息或取出（读出）信息。随机存取存储器具有记忆功能，但停电（断电）后所存信息会消失，不利于数据的长期保存，所以多用于中间过程暂存信息。

（1）RAM 的结构和工作原理。

图 14-30 所示为 RAM 的基本结构图，它主要由存储单元矩阵、地址译码器和读/写控制电路三部分组成。

① 存储单元矩阵。

存储单元矩阵是 RAM 的主体，一个 RAM 由若干存储单元组成，每个存储单元都可存放 1 位二进制数或 1 位二元代码。为了存取方便，通常将存储单元设计成矩阵形式，所以称为存储单元矩阵。存储器中的存储单元越多，存储的信息就越多，该存储器的容量就越大。

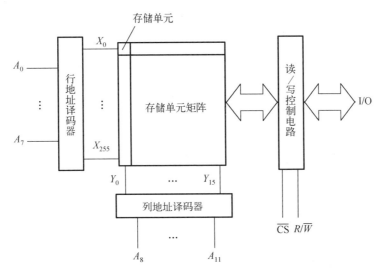

图 14-30　RAM 的基本结构图

② 地址译码器。

为了对存储单元矩阵中的某个存储单元进行读出或写入操作，必须首先对每个存储单元的所在位置（地址）进行编码，然后当输入一个地址码时，就可利用地址译码器找到存储单元矩阵中相应的一个（或一组）存储单元，以便通过读/写控制电路对选中的一个（或一组）单元进行读出或写入操作。

③ 读/写控制电路。

受集成度的限制，大容量的 RAM 往往由若干片 RAM 组成。当需要对某一个（或某一组）存储单元进行读出或写入操作时，必须首先通过片选信号 $\overline{CS}$ 选中某一片（或某几片），然后利用地址译码器才能找到对应的存储单元，以便读/写控制信号对该片（或几片）RAM 的对应单元进行读出或写入操作。

除上面介绍的三个主要部分外，RAM 的输出常采用三态门作为输出缓冲电路。

MOS 随机存储器有动态 RAM（DRAM）和静态 RAM（SRAM）两类。DRAM 靠存储单元中的电容暂存信息，由于电容上的电荷要泄漏，因此需定时充电（通常称为刷新），SRAM 的存储单元是触发器，记忆时间不受限制，无须刷新。

（2）2114A 静态随机存取存储器。

2114A 是一种 1024 字×4 位的静态随机存取存储器，采用 HMOS 工艺制作，它的逻辑框图如图 14-31 所示，表 14-6 是其引脚功能。

其中，有 4096 个存储单元排列成 64×64 的矩阵。采用两个地址译码器，行译码（$A_3 \sim A_8$）输出 $X_0 \sim X_{63}$，从 64 行中选择指定的一行，列译码（A_0、A_1、A_2、A_9）输出 $Y_0 \sim Y_{15}$，再从已选定的一行中选出 4 个存储单元进行读/写操作。$I/O_0 \sim I/O_3$ 既是数据输入端，又是数据输出端，而 $\overline{CS}$ 为片选信号，$\overline{WE}$ 是写使能，控制器件的读/写操作，表 14-7 是 2114A 的功能表。

① 当器件要进行读出操作时，首先输入要读出单元的地址码（$A_0 \sim A_9$），并使 $\overline{WE} = 1$，给定地址的存储单元内容（4 位）就经读/写控制电路传输到三态输出缓冲器，而且只能在 $\overline{CS} = 0$ 时才能把读出的数据送到引脚（$I/O_0 \sim I/O_3$）上。

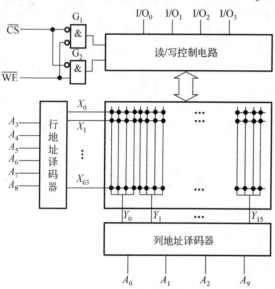

图 14-31　2114A 静态随机存取存储器

表 14-6　2114A 的引脚功能

端　名	功　能
$A_0 \sim A_9$	地址输入端
$\overline{WE}$	写使能
$\overline{CS}$	片选信号
$I/O_0 \sim I/O_3$	数据输入/输出端
V_{CC}	+5V

表 14-7　2114A 的功能表

地　址	$\overline{CS}$	$\overline{WE}$	$I/O_0 \sim I/O_3$
有效	1	×	高阻态
有效	0	1	读出数据
有效	0	0	写入数据

② 当器件要进行写入操作时，在 $I/O_0 \sim I/O_3$ 输入要写入的数据，在 $A_0 \sim A_9$ 输入要写入单元的地址码，再使 $\overline{WE} = 0$，$\overline{CS} = 0$。必须注意，在 $\overline{CS} = 0$ 时，$\overline{WE}$ 输入一个负脉冲，则能写入信息；同样，$\overline{WE} = 0$ 时，$\overline{CS}$ 输入一个负脉冲，也能写入信息。因此，在地址码改变期间，$\overline{WE}$ 或 $\overline{CS}$ 必须至少有一个为 1，否则会引起误写入，冲掉原来的内容。为了确保数据能可靠地写入，写脉冲宽度 t_{wp} 必须大于或等于器件手册所规定的时间区间，当写脉冲结束时，就标志着这次写入操作结束。

2114A 具有下列特点：

① 采用直接耦合的静态电路，不需要时钟信号驱动，也不需要刷新；

② 不需要地址建立时间，存取特别简单；

③ 输入、输出同极性，读出是非破坏性的，使用公共的 I/O 端，能直接与系统总线相连接；

④ 使用单电源+5V 供电，输入/输出与 TTL 电路兼容，输出能驱动一个 TTL 门和 $C_L=100pF$ 的负载（$I_{OL}=2.1\sim6mA$，$I_{OH}=-1.4\sim-1.0mA$）；

⑤ 具有独立的片选功能和三态输出；

⑥ 器件具有高速与低功耗性能；

⑦ 读/写周期均小于 250ns。

随机存取存储器的种类很多，2114A 是一种常用的静态随机存取存储器，是 2114 的改进型。实验中也可以使用其他型号的随机存取存储器，如 6116 是一种使用较广泛的 2048 字×8 位的静态随机存取存储器，它的使用方法与 2114A 相似，仅多了一个 $\overline{DE}$ 输出使能端，当 $\overline{DE}=0$、$\overline{CS}=0$、$\overline{WE}=1$ 时，可读出存储器内的信息；在 $\overline{DE}=1$、$\overline{CS}=0$、$\overline{WE}=0$ 时，则把信息写入存储器。

2. 只读存储器（ROM）

只读存储器（ROM）只能进行读出操作，不能写入数据。只读存储器可分为固定内容只读存储器（ROM）、可编程只读存储器（PROM）和可抹编程只读存储器（EPROM）三大类。可抹编程只读存储器又分为紫外线抹除可编程只读存储器（EPROM）、电可抹编程只读存储器（EEPROM）和电改写编程只读存储器（EAPROM）等种类。由于 EEPROM 的改写编程更方便，因此深受用户欢迎。

（1）固定内容只读存储器（ROM）。

ROM 的结构与随机存取存储器（RAM）类似，主要由地址译码器和存储单元矩阵组成，不同之处是 ROM 没有写入电路。在 ROM 中，地址译码器构成一个与门阵列，存储单元矩阵构成一个或门阵列。输入地址码与输出之间的关系是固定不变的，出厂前厂家已采用掩模编程的方法将存储单元矩阵中的内容固定，用户无法更改，所以只要给定一个地址码，就有一个相应的固定数据输出。只读存储器往往还有附加的输入驱动器和输出缓冲电路。

（2）可编程只读存储器（PROM）。

可编程只读存储器（PROM）一般只可编程一次。PROM 出厂时各个存储单元皆为 1 或皆为 0。用户使用时，可使用编程的方法使 PROM 存储所需要的数据。PROM 需要用电和光照的方法来编写与存放程序和信息，但只能编写一次，第一次写入的信息就被永久性地保存起来。例如，双极性 PROM 有两种结构：一种是熔丝烧断型，另一种是 PN 结击穿型。它们只能进行一次性改写，一旦编程完毕，其内容就是永久性的。由于 PROM 的可靠性差，且为一次性编程，因此目前较少使用。

（3）可抹编程只读存储器（EPROM）。

PROM 只能进行一次编程，一经编程后，其内容就是永久性的，无法更改，用户在进行设计时常常存在很大风险，而可抹编程只读存储器（EPROM）[或称可再编程只读存储器（RPROM）]可多次将存储器的内容抹去，再写入新的信息。

EPROM 可多次编程，但每次在编程写入新的内容之前，都必须采用紫外线照射以抹除存储器中原有的信息，给用户带来了一些麻烦。而另一种电可抹编程只读存储器（EEPROM）的编程和抹除是同时进行的，因此每次编程就用新的信息代替原来存储的信息。特别是一些 EEPROM 可在工作电压下随时进行改写，该特点类似于随机存取存储器（RAM）的功能，只是写入时间长些（大约 20ms）。断电后，写入 EEPROM 中的信息可长期保持不变。这些优点使得 EEPROM 被广泛用于设计产品开发，特别是现场实时检测和记录，因此 EEPROM 备受用户的青睐。

3．用 2114A 静态随机存取存储器实现数据的随机和顺序存取

图 14-32 所示为电路原理图，为实验接线方便而不影响实验效果，2114A 中地址输入端保留前 4 位（$A_0 \sim A_3$），其余地址输入端（$A_4 \sim A_9$）均接地。

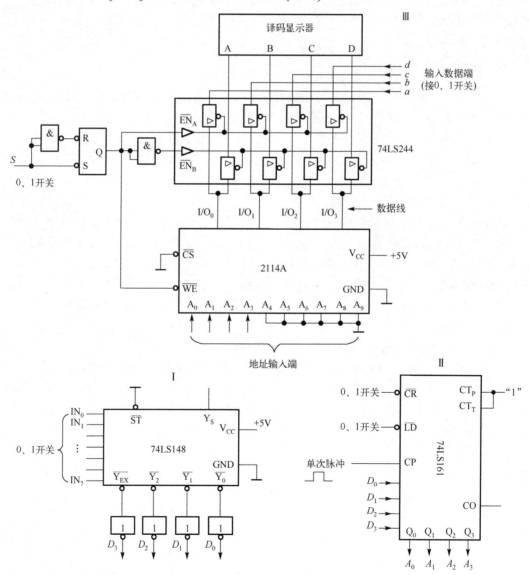

图 14-32　2114A 随机和顺序存取数据电路原理图

（1）用 2114A 实现静态随机存取。

用 2114A 实现静态随机存取如图 14-32 中的单元Ⅲ。电路由三部分组成：①由 "与非门" 组成的基本 RS 触发器与反相器，控制电路的读/写操作；②由 2114A 组成的静态 RAM；③由 74LS244 三态门缓冲器组成的数据输入/输出缓冲和锁存电路。

① 当电路要进行写入操作时，输入要写入单元的地址码（$A_0 \sim A_3$）或使单元地址处于随机状态；基本 RS 触发器的控制端 S 接高电平，触发器置零，$Q = 0$，$\overline{EN_A} = 0$，打开了输入三态门缓冲器 74LS244，要写入的数据（$abcd$）经缓冲器送至 2114A 的输入端（$I/O_0 \sim I/O_3$）。由于此时 $\overline{CS} = 0$、$\overline{WE} = 0$，因此便将数据写入了 2114A 中，为了确保数据的可靠写入，写脉冲宽度 t_{wp} 必须大于或等于器件手册所规定的时间区间。

② 当电路要进行读出操作时，输入要读出单元的地址码（保持写操作时的地址码）；基本 RS 触发器的控制端 S 接低电平，触发器置 "1"，$Q = 0$、$\overline{EN_B} = 0$，打开了输出三态门缓冲器 74LS244。由于此时 $\overline{CS} = 0$、$\overline{WE} = 0$，要读出的数据（$abcd$）便经缓冲器送至 $ABCD$ 输出，并在译码显示器上显示出来。

注：如果是随机存取，可不必关注 $A_0 \sim A_3$（或 $A_0 \sim A_9$）地址输入端的状态，$A_0 \sim A_3$（或 $A_0 \sim A_9$）可以是随机的，但在读/写操作中要保持一致。

（2）用 2114A 实现静态顺序存取。

用 2114A 实现静态顺序存取如图 14-32 所示，电路由三部分组成：①单元Ⅰ，由 74LS148 组成的 8 线-3 线优先编码电路，主要是将 8 位的二进制指令进行编码形成 8421 BCD 码；②单元Ⅱ，由 74LS161 二进制同步加法计数器组成的取址、地址累加等功能单元；③单元Ⅲ，由基本 RS 触发器、2114A、74LS244 组成的随机存取电路。

由 74LS148 组成优先编码电路，将 8 位（$IN_0 \sim IN_7$）的二进制指令编码成 8421 BCD 码（$D_0 \sim D_3$）输出，它是以反码的形式出现的，因此输出端加了 "非门" 求反。

① 写入。

令二进制计数器 74LS161 的 $\overline{CR} = 0$，则该计数器输出清零，清零后置 $\overline{CR} = 1$；令 $\overline{LD} = 0$，加 CP 脉冲，通过并行送数法将 $D_0 \sim D_3$ 赋值给 $A_0 \sim A_3$，形成地址初始值，送数完成后置 $\overline{LD} = 1$。74LS161 为二进制同步加法计数器，每来一个 CP 脉冲，计数器输出将加 1，即地址码将加 1，逐次输入 CP 脉冲，地址会以此累计形成一组单元地址；操作随机存取电路使之处于写入状态，改变数据输入端的数据 $abcd$，便可按 CP 脉冲所给的地址依次写入一组数据。

② 读出。

给 74LS161 输出清零，通过并行送数法将 $D_0 \sim D_3$ 赋值给 $A_0 \sim A_3$，形成地址初始值，逐次送入单次脉冲，地址码累计形成一组单元地址；操作随机存取电路使之处于读出状态，便可按 CP 脉冲所给地址依次读出一组数据，并在译码显示器上显示出来。

14.8.3　实验设备与元器件

1．+5V 直流电源
2．连续脉冲源
3．单次脉冲源

4. 逻辑电平显示器

5. 逻辑电平开关（0、1 开关）

6. 译码显示器

7. 2114A、74LS161、74LS148、74LS244、74LS00、74LS04

14.8.4 实验内容

按图 14-32 接好实验电路，先断开各单元间的连线。

1. 用 2114 实现静态随机存取

电路如图 14-32 中的单元Ⅲ。

（1）写入。

输入要写入单元的地址码及要写入的数据，再操作基本 RS 触发器的控制端 S，使 2114A 处于写入状态，即 $\overline{CS}=0$、$\overline{WE}=0$，$\overline{EN}_A=0$，则数据便写入了 2114A 中，选取三组地址码及三组数据，记入表 14-8。

（2）读出。

输入要读出单元的地址码，再操作基本 RS 触发器的控制端 S，使 2114A 处于读出状态，即 $\overline{CS}=0$、$\overline{WE}=1$，$\overline{EN}_A=0$（保持写入时的地址码），要读出的数据便由译码显示器显示出来，记入表 14-9，并与表 14-8 的数据进行比较。

表 14-8　2114A 写入数据记录表

$\overline{WE}$	地址码 $A_0 \sim A_3$	数据 abcd
0		
0		
0		

表 14-9　2114A 读出数据记录表

$\overline{WE}$	地址码 $A_0 \sim A_3$	数据 abcd
1		
1		
1		

2. 2114A 实现静态顺序存取

连接好图 14-32 中各单元间的连线。

（1）顺序写入数据。

假设 74LS148 的 8 位输入指令中，$IN_2=0$、$IN_0 \sim IN_1=1$、$IN_3 \sim IN_7=1$，经过编码得 $D_0D_1D_2D_3=1000$，将这个值送至 74LS161 的输入端。给 74LS161 的输出清零，清零后用并行送数法将 $D_0D_1D_2D_3=1000$ 赋值给 $A_0A_1A_2A_3$，作为地址初始值。随后操作随机存取电路使之处于写入状态，至此，数据便写入了 2114A 中，如果相应地输入几个单次脉冲，改变数据输入端的数据，则能依次地写入一组数据，记入表 14-10。

（2）顺序读出数据。

给 74LS161 的输出清零，用并行送数法将原有的 $D_0D_1D_2D_3 = 1000$ 赋值给 $A_0A_1A_2A_3$，操作随机存取电路使之处于读出状态。连续输入几个单次脉冲，依地址单元读出一组数据，并在译码显示器上显示出来，记入表 14-11，比较写入数据与读出数据是否一致。

表 14-10　顺序写入数据记录表

CP 脉冲	地址码 $A_0 \sim A_3$	数据 abcd
↑	1000	
↑	0100	
↑	1100	

表 14-11　顺序读出数据记录表

CP 脉冲	地址码 $A_0 \sim A_3$	数据 abcd	显示
↑	1000		
↑	0100		
↑	1100		

14.8.5　预习要求

1. 复习随机存储器 RAM 和只读存储器 ROM 的基本工作原理。

2. 查阅 2114A、74LS161、74LS148 的有关资料，熟悉其逻辑功能及引脚排列。

3. 2114A 有 10 个地址输入端，实验中仅变化其中一部分，对于其他不变化的地址输入端，应该如何处理？

4. 为什么静态 RAM 无须刷新，而动态 RAM 需要定期刷新？

14.8.6　实验器件介绍

记录电路检测结果，并对结果进行分析。

1. 8 线-3 线优先编码器 74LS148 的引脚排列及功能表（见图 14-33 和表 14-12）

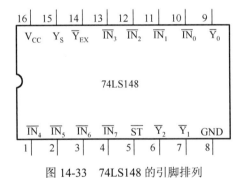

图 14-33　74LS148 的引脚排列

$\overline{IN_0} \sim \overline{IN_7}$：编码输入端（低电平有效）；

$\overline{ST}$：选通输入端（低电平有效）；

$\overline{Y_0} \sim \overline{Y_2}$：编码输出端（低电平有效）；

$\overline{Y_{EX}}$：扩展端（低电平有效）；

Y_S：选通输出端。

表 14-12　74LS148 的功能表

输　　入									输　　出				
$\overline{ST}$	$\overline{IN}_0$	$\overline{IN}_1$	$\overline{IN}_2$	$\overline{IN}_3$	$\overline{IN}_4$	$\overline{IN}_5$	$\overline{IN}_6$	$\overline{IN}_7$	$\overline{Y}_2$	$\overline{Y}_1$	$\overline{Y}_0$	$\overline{Y}_{EX}$	Y_S
1	×	×	×	×	×	×	×	×	1	1	1	1	1
0	1	1	1	1	I	1	1	1	1	1	1	1	0
0	×	×	×	×	×	×	×	0	0	0	0	0	1
0	×	×	×	×	×	×	0	1	0	0	1	0	1
0	×	×	×	×	×	0	1	1	0	1	0	0	1
0	×	×	×	×	0	1	1	1	0	1	1	0	1
0	×	×	×	0	1	1	1	1	1	0	0	0	1
0	×	×	0	1	1	1	1	1	1	0	1	0	1
0	×	0	1	1	1	1	1	1	1	1	0	0	1
0	0	1	1	1	1	1	1	1	1	1	1	0	1

2．4 位二进制同步计数器 74LS161 的引脚排列及功能表（见图 14-34 和表 14-13）

CO：进位输出端；

CP：时钟输入端（上升沿有效）；

$\overline{CR}$：异步清除输入端（低电平有效）；

CT_P：计数控制端；

CT_T：计数控制端；

$D_0 \sim D_3$：并行数据输入端；

$\overline{LD}$：同步并行置入控制端（低电平有效）；

$Q_0 \sim Q_3$：输出端。

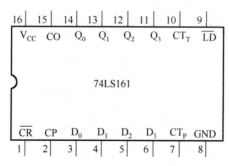

图 14-34　74LS161 的引脚排列

表 14-13　74LS161 的功能表

输　　入									输　　出			
$\overline{CR}$	$\overline{LD}$	CT_P	CT_T	CP	D_0	D_1	D_2	D_3	Q_0	Q_1	Q_2	Q_3
0	×	×	×	×	×	×	×	×	0	0	0	0
1	0	×	×	↑	d_0	d_1	d_2	d_3	d_0	d_1	d_2	d_3

续表

输　入									输　出
$\overline{CR}$	$\overline{LD}$	$\overline{CR}$	$\overline{LD}$	$\overline{CR}$	$\overline{LD}$	$\overline{CR}$	$\overline{LD}$	$\overline{CR}$	$\overline{LD}$
1	1	1	1	↑	×	×	×	×	计　数
1	1	0	×	×	×	×	×	×	保　持
1	1	×	0	×	×	×	×	×	保　持

3. 八缓冲器/线驱动器/线接收器 74LS244 的引脚排列及功能表（见图 14-35 和表 14-14）

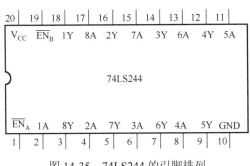

图 14-35　74LS244 的引脚排列

表 14-14　74LS244 的功能表

输　入		输　出
$\overline{EN}$	A	Y
0	0	0
0	1	1
1	×	高阻态

$1A \sim 8A$：输入端；

$\overline{EN}_A$，$\overline{EN}_B$：三态允许端（低电平有效）；

$1Y \sim 8Y$：输出端。

4. 静态 SRAM 介绍

静态 RAM 具有存取速度快、使用方便等特点，但系统一旦掉电，内部所存数据就会丢失。所以，要使内部数据不丢失，必须不间断供电（断电后用电池供电）。为此，多年来人们一直致力于非易失随机存取存储器（NV-SRAM）的开发，数据在掉电时可自保护，具有强大的抗冲击能力，连续掉电两万次数据都不丢失。这种 NV-SRAM 的引脚与普通SRAM 全兼容，目前已得到广泛应用。

常用的 SRAM 有 6116（2Kb×8）、6264（8Kb×8）、62256（32Kb×8）等，它们的引脚如图 14-36 所示。

$A_0 \sim A_i$：地址输入端（i 为地址输入端引脚的个数）；

$D_0 \sim D_7$：双向三态数据端；

$\overline{CE}$：片选信号输入端（低电平有效）；

$\overline{RD}$：读选通信号输入端（低电平有效）；

$\overline{WE}$：写选通信号输入端（低电平有效）；

V_{CC}：工作电源+5V；

GND：地线。

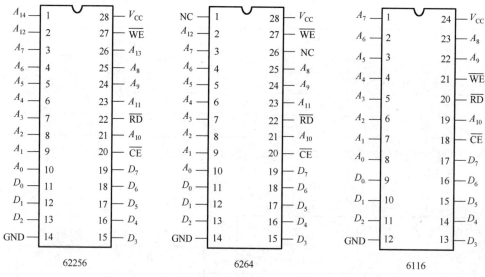

图 14-36　常用的 SRAM

常用的 SRAM 参数表如表 14-15 所示，SRAM 的功能表如表 14-16 所示。

表 14-15　常用的 SRAM 参数表

型号	6116	6264	62256
容量/KB	2	8	32
引脚数	24	28	28
工作电压/V	5	5	5
典型工作电流/mA	35	40	8
典型维持电流/mA	5	2	0.9
存取时间/ns	由产品型号而定		

表 14-16　SRAM 的功能表

信号/方式	$\overline{CE}$	$\overline{RD}$	$\overline{WE}$	$D_0 \sim D_7$
读	0	0	1	数据输出
写	0	1	0	数据输入
维持	1	×	×	高阻态

参 考 文 献

[1] 童诗白，华成英. 模拟电子技术[M]. 北京：高等教育出版社，2015.

[2] 康华光，张林. 电子技术基础[M]. 北京：高等教育出版社，2021.

[3] 张秀梅. 电子技术基础实验与实践指导书[M]. 北京：电子工业出版社，2023.

[4] 于宝明，张园. 模拟电子技术基础[M]. 北京：电子工业出版社，2018.

[5] 张文辉，李芳，孟瑞敏. 电路与电子技术基础[M]. 北京：电子工业出版社，2020.

[6] 马宏兴. 数字电子技术基础与仿真[M]. 北京：电子工业出版社，2022.

[7] 杨罕，王晴. 电子技术基础实验[M]. 北京：人民邮电出版社，2023.

[8] 杨凌. 电路与模拟电子技术基础[M]. 2 版. 北京：清华大学出版社，2022.

[9] 张龙兴. 电子技术基础[M]. 北京：高等教育出版社，2022.

[10] 许其清. 电工电子技术基础[M]. 北京：机械工业出版社，2021.

[11] 吴亚琼. 电子技术实验模拟部分[M]. 北京：化学工业出版社，2021.

反侵权盗版声明

电子工业出版社依法对本作品享有专有出版权。任何未经权利人书面许可，复制、销售或通过信息网络传播本作品的行为；歪曲、篡改、剽窃本作品的行为，均违反《中华人民共和国著作权法》，其行为人应承担相应的民事责任和行政责任，构成犯罪的，将被依法追究刑事责任。

为了维护市场秩序，保护权利人的合法权益，我社将依法查处和打击侵权盗版的单位和个人。欢迎社会各界人士积极举报侵权盗版行为，本社将奖励举报有功人员，并保证举报人的信息不被泄露。

举报电话：（010）88254396；（010）88258888

传　　真：（010）88254397

E-mail：　dbqq@phei.com.cn

通信地址：北京市海淀区万寿路 173 信箱

　　　　　电子工业出版社总编办公室

邮　　编：100036